I0473296

Ernst Probst

Wiesbaden in der Steinzeit

Von Eiszeit-Jägern bis zu frühen Bauern

Widmung

Dem Landesmuseum Mainz,
dem Naturhistorischen Museum Mainz,
dem Römisch-Germanischen Zentralmuseum Mainz,
dem Landesamt für Denkmalpflege in Mainz,
dem Stadtarchiv Mainz,
dem Landesamt für Denkmalpflege Hessen in Wiesbaden,
dem Museum Wiesbaden,
dem Stadtarchiv Wiesbaden,
sowie dem Verschönerungs- und Verkehrsverein Biebrich
am Rhein e. V. / Heimatmuseum Biebrich
gewidmet, die mich bei meinen Büchern
unterstützt haben.

Wiesbaden in der Steinzeit
1. Auflage als Printbook: Juni 2019
Autor: Ernst Probst
Im See 11, 55246 Mainz-Kostheim
Telefon: 06134/21152
E-Mail: ernst.probst (at) gmx.de
Herstellung: Amazon Distribution GmbH, Leipzig

ISBN: 978-1-072-18806-3

Frühmenschen vor etwa 600.000 Jahren auf der Pirsch.
Bild: Gemälde von Fritz Wendler (1941–1995)
für das Buch „Deutschland in der Urzeit" (1986) von Ernst Probst

Tiere aus dem Eiszeitalter vor etwa 600.000 Jahren.
Bild: Gemälde von Fritz Wendler (1941–1995)
für das Buch „Deutschland in der Urzeit“ (1986) von Ernst Probst

Vorwort

Die Steinzeit hat in Deutschland vor ungefähr einer Million Jahren begonnen. Ein so hohes Alter schreibt man den frühesten Werkzeugen hierzulande zu. Zu Ende war die Steinzeit in einigen Gebieten unserer Heimat vor mehr als 4.000 Jahren, als man erstmals Geräte aus Kupfer und Zinn namens Bronze herstellte. Im frühesten Abschnitt der Menschheitsgeschichte, also der Steinzeit, hat man sich nicht nur mit dem Zurechtschlagen und Schleifen von Stein befasst, sondern viele Neuerungen erfunden. Man denke nur an die Anfänge von Hausbau, Siedlungen, Jagd, Fischfang, Ackerbau, Viehzucht, Handwerk, Handel, Verkehr, Kunst, Musik und Religion. Hierüber informiert das Taschenbuch „Wiesbaden in der Steinzeit“. Aus der Altsteinzeit liegen nur wenige Funde von Jägern und Sammlern aus Wiesbaden (Adlerquelle und Igstadt) vor und aus der Mittelsteinzeit gar keine. Dagegen kennt man aus der Jungsteinzeit in Wiesbaden reichliche Hinterlassenschaften von Ackerbauern, Viehzüchtern und Töpfern. Darunter befindet sich sogar eine riesige Befestigungsanlage am Rhein in Schierstein. Die einführenden Texte stammen größtenteils aus dem Buch „Deutschland in der Steinzeit“ (1991) von Ernst Probst.

Inhalt

Archäologe Christian Jürgensen Thomsen (1788–1865).
Bild: Porträt vor 1865

Die Steinzeit

Als Steinzeit gilt jenes Zeitalter, in dem der Stein der am meisten verwendete Rohstoff für die Herstellung von Werkzeugen und Waffen war. Solche künstlich von Menschenhand angefertigte Geräte werden von den Archäologen als Artefakte bezeichnet. Die Steinzeit gilt als das älteste und längste Zeitalter der Urgeschichte. Den Begriff Urgeschichte verwendet man für die Zeit seit dem ersten Auftreten des Menschen bis zum frühesten Gebrauch der Schrift.

Die Steinzeit begann in Afrika schon vor mehr als zwei Millionen Jahren, in Europa und Asien vor mehr als einer Million Jahren, in Amerika und Australien vor wenigen Jahrzehntausenden. Ihr Ende fand die Steinzeit in vielen Gebieten mit der Herstellung und Verwendung von Bronze, die mancherorts bis in die zweite Hälfte des dritten Jahrtausends vor Christus zurückreicht.

Der Begriff Steinzeit geht auf den dänischen Archäologen Christian Jürgensen Thomsen (1788–1865) aus Kopenhagen zurück. Er teilte 1836 die Urgeschichte nach dem jeweils am meisten verwendeten Rohstoff für Werkzeuge und Waffen in drei Zeitalter ein: nämlich Steinzeit, Bronzezeit, Eisenzeit.

Aus der Steinzeit liegen mit Ausnahme von Sumer und Ägypten, wo bereits um 3.500 bzw. 3.000 v. Chr. eine heute noch lesbare Schrift gebräuchlich war, keinerlei schriftliche Nachrichten vor. Die frühesten Belege von Schriftgebrauch in den anderen Ländern fallen schon in die Bronzezeit. Deshalb kennen wir heute aus Europa keine Namen von Völkern, Städten, Herrschern und auch keine Texte von Gesetzen, Gebeten, Gedichten oder Liedern.

Die Steinzeit wird in Europa in die drei Perioden Altsteinzeit (Paläolithikum), Mittelsteinzeit (Mesolithikum) und Jungsteinzeit (Neolithikum) gegliedert. In anderen Erdteilen ist diese Einteilung nicht generell anwendbar.
Das Klima war in der Steinzeit sehr wechselhaft. Der weitaus größte Anteil der Steinzeit, nämlich die gesamte Altsteinzeit, entspricht dem Eiszeitalter (Pleistozän), das in Mitteleuropa vor etwa 2,3 Millionen Jahren begann und ungefähr vor 10.000 Jahren, also um 8.000 v. Chr., endete. Im Eiszeitalter lösten sich klimatisch milde Warmzeiten mehrfach mit grimmig kalten Eiszeiten ab. In den verschiedenen Eiszeiten bedeckten Gletscher weite Gebiete Europas, Nordamerikas und Asiens. Während kalter Perioden mussten die wärmeorientierten Pflanzen und Tiere den kälteorientierten weichen, die Wälder wurden durch Steppen abgelöst.
Der Beginn der Mittelsteinzeit in Mitteleuropa um 8.000 v. Chr. fiel in den Anfang der Nacheiszeit (Holozän). Damals breiteten sich – bewirkt durch das günstigere Klima – die Wälder aus. Die früheste Phase der Jungsteinzeit in Mitteleuropa ab etwa 5.500 v. Chr. fiel in ein feuchtwarmes Klima (Atlantikum), auf das um 3.800 v. Chr. eine etwas kühlere Übergangszeit (Subboreal) folgte.
In manchen Gebieten Europas regte sich in der Steinzeit sehr starker Vulkanismus. In Nordamerika schlug vor ungefähr 50.000 Jahren in der Altsteinzeit ein aus dem Weltall auf die Erde stürzender Meteorit einen 170 Meter tiefen Krater mit einem Durchmesser von 1.186 Metern. Der Orient wurde in der ausgehenden Steinzeit von großen Überschwemmungen heimgesucht.
Im Verlauf der Steinzeit entwickelte sich aus primitiven Vorläufern der heutige Mensch. Zum Zeitpunkt des Erscheinens des Buches „Deutschland in der Steinzeit“ (1991) von Ernst

Probst stellte man sich dies – wie folgt – vor. Vor etwa 2,2 Millionen Jahren gingen in Afrika aus Vormenschen der Art *Australopithecus africanus* die ersten Frühmenschen der Gattung *Homo* (Mensch) hervor: zunächst *Homo habilis*. Letzterem folgten vor mehr als anderthalb Millionen Jahren die Frühmenschen der Art *Homo erectus*. Vor etwa 300.000 Jahren erschienen in Europa frühe Angehörige der auf noch höherem kulturellem Niveau stehenden Art *Homo sapiens*, die von den Wissenschaftlern als Präsapienten, Steinheim-Menschen, Anteneandertaler oder frühe Neandertaler bezeichnet werden.
Vor etwa 115.000 Jahren lebten in Europa die späten oder „klassischen Neandertaler" (*Homo neanderthalensis*). Die ebenfalls in der Literatur zu findende Schreibweise „Neanderthaler" basiert darauf, dass zur Zeit der Entdeckung dieses Urmenschen im Jahre 1856 das „Neanderthal" zwischen Erkrath und Mettmann noch mit „h" geschrieben wurde. Ungefähr vor 100.000 Jahren traten im östlichen Mittelmeergebiet die frühesten Vertreter des anatomisch modernen Menschen oder Jetztmenschen (*Homo sapiens*) auf. Sie tauchten später auch in Europa, Amerika und Australien auf. Die späten Neandertaler in Europa wurden vor etwa 35.000 Jahren auf bisher ungeklärte Weise von diesen Jetztmenschen abgelöst.
Die Menschen der Alt- und Mittelsteinzeit waren nicht sesshaft. Die Vormenschen haben vermutlich – aus Furcht vor Löwen, Leoparden oder Säbelzahnkatzen an geschützten Orten – wie in Höhlen, auf Felsen oder auf Bäumen – die Nacht verbracht. Die Frühmenschen bauten offenbar schon vor mehr als anderthalb Millionen Jahren mit Ästen und Zweigen windgeschützte Unterschlüpfe oder Hütten. Mindestens seit einer Million Jahren verstanden sie es, Feuer zu nutzen. Die Altmenschen vom Typ der Neandertaler errichteten mit dicken Holzstangen und Tierfellen stabile Behausungen. Manchmal

Frühe Ackerbauern in der Jungsteinzeit vor etwa 7.500 Jahren.
Bild: Gemälde von Fritz Wendler (1941–1995)
für das Buch „Deutschland in der Steinzeit“ (1991) von Ernst Probst

verwendeten sie Mammutschädel und Mammutstoßzähne als Baugerüst. Die eiszeitlichen Jetztmenschen aus der Zeit vor etwa 35.000 bis 10.000 Jahren (8.000 v. Chr.) schlugen leichtgebaute Zelte und Rundbauten auf, die sie mit Tierhäuten bedeckten. Die ersten Bauern Mitteleuropas zimmerten in der Jungsteinzeit um 5.500 v. Chr. bis zu 40 Meter lange Holzhäuser. In frühen Phasen der Altsteinzeit ernährten sich unsere Vorfahren häufig von Aas. Die Jagd auf wilde Tiere wurde erst in späteren Phasen immer wichtiger. Die Jagd war Angelegenheit der Männer, das Sammeln von wildwachsenden Beeren, Früchten und Kräutern, die Betreuung der Kinder und des Haushaltes oblag den Frauen. Es war die „Zeit der Wildbeuter“, eine ausschließlich aneignende Wirtschaftsform, in der die in der Natur vorhandenen Pflanzen und Tiere ausgebeutet wurden, ohne dass man für deren Vermehrung sorgte.

Als erste Haustiere des Menschen gelten gezähmte Jungwölfe aus der Zeit vor etwa 13.000 Jahren. Sie dürften die Männer bei der Jagd begleitet und Schutzfunktionen übernommen haben. In der Mittelsteinzeit ernährten sich die Menschen fast ausschließlich von der Jagd und vom Sammeln. Das Vorhandensein von Netzen, Reusen und Angelhaken lässt darauf schließen, dass der Fischfang damals in Europa an Bedeutung zunahm.

Das unstete Wanderleben der Jäger, Sammler und Fischer endete in der Jungsteinzeit, als Ackerbau, Viehzucht und Töpferei die Lebensweise geradezu revolutionierten. Diese „neolithische Revolution“ bahnte sich vor etwa 12.000 Jahren zunächst im Vorderen Orient und vielleicht auch in Nordafrika an, breitete sich aus und erreichte um 5.500 v. Chr. Teile Mitteleuropas. Die frühen Bauern bauten in der Nähe ihrer festen Häuser Getreide und Hülsenfrüchte an und hielten Rinder, Schafe,

Ziegen und Schweine als Haustiere. Die neue Wirtschaftsform ermöglichte eine sesshafte Lebensweise.
Das Tauschen spielte in Europa bereits in der Altsteinzeit eine bescheidene Rolle. Manche Schmuckschnecken belegen schon für die Zeit vor etwa 30.000 Jahren erstaunliche Verbindungen zu weit entfernten Gebieten. Vielleicht fungierten diese Schmuckschnecken als eine Art Zahlungsmittel. In der Jungsteinzeit blühte der Tausch von seltenem Feuerstein (Flint oder Silex) als Rohmaterial für Werkzeuge und Waffen, aber auch mit Bernstein für Schmuckzwecke. Die ersten in den frühen Hochkulturen des Vorderen Orients geschaffenen Gegenstände aus Kupfer und Gold dürften in der entwickelten Jungsteinzeit auf dem Tauschweg nach Mitteleuropa gelangt sein.
Bei den frühen altsteinzeitlichen Jägern gab es wohl noch kein spezialisiertes Handwerk. Die für den Alltag benötigten Gegenstände konnten von jeder Familie bzw. Gruppe selbst hergestellt werden. Aber seit der jüngeren Altsteinzeit kann man davon ausgehen, dass Kunstwerke von Spezialisten geschaffen wurden. Bei besonders aufwändigen Hausbauten, später beim Wagenbau und der Herstellung von besonders kunstvoller Keramik wurden in den Dörfern der Jungsteinzeit eigens ausgebildete Spezialisten benötigt.
Die Menschen der Altsteinzeit legten große Entfernungen zu Fuß zurück. Gegen Ende der Altsteinzeit überquerten Jäger und Sammler vom griechischen Festland mit Wasserfahrzeugen – vielleicht mit Flößen – das Mittelmeer und setzten auf die Insel Korfu über. Ab der Mittelsteinzeit waren lange Einbäume mit Holzpaddeln in Gebrauch.
Als frühestes Zugtier für schwerfällige hölzerne Wagen mit Scheibenrädern diente ab dem vierten Jahrtausend v. Chr. das Rind. Das Pferd kam zu dieser frühen Zeit bereits als Reittier

in Mode. In sumpfigen Gebieten wurden um 3.000 v. Chr. holprige Holzbohlenwege angelegt.
Kleidung dürfte bereits für den Frühmenschen *Homo erectus* in kühlen Abschnitten der Altsteinzeit erforderlich gewesen sein und erst recht für die in der letzten Eiszeit vor etwa 115.000 bis 10.000 Jahren lebenden Menschen. Belegt ist sie indirekt auf mehr als 30.000 Jahre alten Kunstwerken sowie direkt bei den etwa 20.000 bis 25.000 Jahre alten Bestattungen von Sungir in Russland.
Die archäologischen Hinweise auf Schmuck schon zur Zeit der Neandertaler sind bisher selten. Dabei handelt es sich um rote, gelbe oder schwarze Farbstückchen aus Frankreich und Russland sowie um Anhänger. Seit etwa 30.000 Jahren ist die Vorliebe für Schmuck in Form von durchbohrten Schneckengehäusen und Tierzähnen für Ketten und als Kleidungsbesatz belegt. Auch Elfenbeinschmuck und Farbstücke zum Schminken wurden in Siedlungen und Gräbern dieser Zeit entdeckt. Bernstein war in der Jungsteinzeit als Schmuck sehr beliebt.
Die Anfänge der Kunst reichen bis vor mehr als 30.000 Jahre zurück. Zu den beliebtesten Motiven zählten damals Jagdtiere. Weitaus seltener sind Darstellungen von Mischwesen mit tierischen und menschlichen Attributen, die charakteristisch für die damalige Vorstellungswelt waren. Die farbenprächtige Höhlenmalerei in Frankreich und Spanien lässt heutige Menschen staunen.
Töne haben vielleicht schon die Neandertaler in ihrem Bann gezogen. Die als Beispiel für frühe Instrumente genannten Funde sind jedoch nicht überzeugend. Aus Frankreich und Deutschland kennt man echte Flöten aus Tierknochen seit etwa 30.000 Jahren. Die Verwendung von mit Tierhäuten überzogenen Tontrommeln gilt erst um 3.500 v. Chr. in der

Jäger der Mittelsteinzeit mit Hund und Jagdbeute.
Bild: Gemälde von Fritz Wendler (1941–1995)
für das Buch „Deutschland in der Steinzeit“ (1991) von Ernst Probst

Jungsteinzeit als gesichert. Sie geben eindrucksvolle Hinweise auf Tanz und Gesang in der Steinzeit.

Die Herstellung von Gebrauchsgütern wurde im Laufe der Steinzeit immer mehr vervollkommnet. Die Altsteinzeit gilt als „Zeit des geschlagenen Steins", in der Werkzeuge und Waffen aus verschiedenen Gesteinsarten durch immer raffiniertere Schlagtechniken angefertigt wurden. Am Beginn dieser Entwicklung standen plumpe, durch wenige Schläge zugerichtete Geröllgeräte, an ihrem Ende meisterhaft retuschierte Faustkeile. Holz war sicher oft wichtiger als Stein, ist aber kaum erhalten. Auch Knochen und Geweih dienten als Rohstoffe. Holzlanzen und Holzknüppel zählten zu den ersten Waffen der Frühmenschen. In den letzten Abschnitt der Altsteinzeit fielen die Erfindung von Pfeil und Bogen, Speerschleudern und Harpunen sowie von Nähnadeln aus Knochen.

Für die Mittelsteinzeit ist der Gebrauch von auffallend kleinen Steingeräten kennzeichnend, die man wegen ihrer geringen Größe Mikrolithen nennt. In manchen der damaligen Kulturstufen gab es Hacken und Beile aus Geweihen.

Die Jungsteinzeit präsentiert sich als „Zeit des geschliffenen Steins", der – nach vereinzelten altsteinzeitlichen Vorläufern – eine erst in dieser Epoche stärker aufgekommene Neuerung darstellt. In Australien waren geschliffene Steinbeile schon vor etwa 20.000 Jahren üblich. Charakteristisch sind unter anderem geschliffene und für die Aufnahme des Schaftes durchbohrte Steinäxte. Spitzenerzeugnisse der weiterhin betriebenen Steinschlagtechnik waren gegen Ende der Jungsteinzeit die Feuersteindolche, die Metallvorbildern aus frühen Zentren der Kupfer- und Bronzezeit nachgeahmt wurden.

Die Neandertaler gelten als die ersten unserer Vorfahren, die ihre Toten bestatteten. Speisebeigaben deuten an, dass sie an ein Leben nach dem Tode glaubten. Auch die nach ihnen lebenden Jetztmenschen der jüngeren Altsteinzeit betteten ihre Toten meist sorgfältig zur letzten Ruhe. Andererseits wurde damals manchmal Leichen zerstückelt oder nur die Köpfe bestattet (Schädelkult). Aus der Jungsteinzeit kennt man bereits Friedhöfe, aufwändige Grabformen – wie die Großsteingräber (Megalithgräber) – und in manchen Kulturen auch schon die Leichenverbrennung.

Über die Religion der altsteinzeitlichen Bevölkerung wissen wir wenig. Da die Frühmenschen in der Zeit vor mehr als zwei Millionen bis 300.000 Jahren ihre Verstorbenen nicht bestatteten, machten sie sich vielleicht keine Gedanken über ein Leben nach dem Tode. Ob der von späten Frühmenschen vor etwa 400.000 oder 500.000 Jahren praktizierte Kannibalismus in Choukoutien (China) religiös motiviert war, wissen wir nicht.

Bestattung und die Mitgabe von Wegzehrung oder Waffen scheinen erst bei den „klassischen Neandertalern" vor mehr als 100.000 Jahren aufgekommen zu sein. Damit waren wohl Jenseitsvorstellungen verbunden. Der von Neandertalern praktizierte Schädelkult mit den Köpfen von Toten bezeugt eine Form der Ahnenverehrung.

Besser unterrichtet sind wir über die Religion der frühen Jetztmenschen in Europa aus dem letzten Abschnitt der Altsteinzeit vor mehr als 30.000 bis 10.000 Jahren. Zu deren religiöser Vorstellungswelt gehörten Mischwesen in Mensch-Tier-Gestalt und die Darstellung von Betenden (Adoranten). Ob die Höhlenmalereien eine religiöse Funktion erfüllten, ist umstritten.

Eine noch ungeklärte Funktion im Kult spielten in der Mittelsteinzeit die Hirschschädelmasken. Womöglich wurden sie von Zauberern (Schamanen) bei ihren Auftritten getragen.

Hirschschädelmasken hat man in Nordrhein-Westfalen, Mecklenburg und Brandenburg entdeckt.
Die Hauptsorge der jungsteinzeitlichen Bauern galt dem Gedeihen der stark vom Wetter abhängigen Ernte und der Viehzucht. Deshalb opferten sie vermutlich zu bestimmten Jahreszeiten sogar Menschen. Aus dem fünften Jahrtausend v. Chr. kennt man in Europa bereits ausgedehnte, mehrfach gestaffelte, kreisförmige Palisadenanlagen mit Zugängen in allen vier Himmelsrichtungen. Sie werden als Heiligtümer gedeutet.

Prähistoriker John Lubbock (1834–1913).
Foto: zwischen 1876 und 1881 entstandenes Porträt

Die Altsteinzeit

Die Altsteinzeit ist die älteste und längste Periode der Steinzeit. Wie die Steinzeit begann sie in jedem Land zu dem Zeitpunkt, von dem ab erstmals Stein als Rohstoff für die Herstellung von Werkzeugen und Waffen benutzt wurde. Ihr Ende wird in Europa mit demjenigen des Eiszeitalters vor etwa 10.000 Jahren gleichgesetzt. Altsteinzeitliche Kulturen gab es in allen Erdteilen.

Der Begriff Altsteinzeit (Paläolithikum) wurde 1865 von dem englischen Prähistoriker John Lubbock (1834–1913) eingeführt, der 1900 geadelt wurde und seitdem Lord Avebury hieß. Er teilte die Steinzeit in zwei Perioden. Die ältere davon nannte er Paläolithikum (deutsch: Altsteinzeit oder ältere Steinzeit) und definierte sie als „Periode des geschlagenen Steins". Den jüngeren Abschnitt bezeichnete er als Neolithikum (Jungsteinzeit oder jüngere Steinzeit) bzw. als „Periode des geschliffenen Steins". Der Begriff Mesolithikum (Mittelsteinzeit oder mittlere Steinzeit) wurde erst 1874 geprägt.

Die Altsteinzeit wird in vielen Gebieten Europas in drei unterschiedlich lange Abschnitte gegliedert: ältere Altsteinzeit (Altpaläolithikum), mittlere Altsteinzeit (Mittelpaläolithikum) und jüngere Altsteinzeit (Jungpaläolithikum). Leider sind sich die Prähistoriker über die Kriterien dieser Gliederung und somit über die Zeitdauer der einzelnen Abschnitte nicht einig. Deshalb gibt es voneinander abweichende Gliederungen der Altsteinzeit. In diesem Text wird das von dem Tübinger Prähistoriker Hansjürgen Müller-Beck verwendete Schema verwendet.

Die ältere Altsteinzeit beginnt mit den ersten Steinwerkzeugen und dauert bis zum Ende des mittleren Eiszeitalters (Mittelpleistozän), das dem Ende der Saale-Eiszeit bzw. dem Beginn

der folgenden Eem-Warmzeit vor etwa 125.000 Jahren entspricht.
Die mittlere Altsteinzeit beginnt mit der Eem-Warmzeit vor etwa 125.000 Jahren und endet vor etwa 35.000 Jahren.
Die jüngere Altsteinzeit beginnt vor etwa 35.000 Jahren und endet vor etwa 10.000 Jahren (8.000 v. Chr.). Damit ist die Altsteinzeit abgeschlossen.
Die ältere, mittlere und jüngere Altsteinzeit lassen sich vor allem durch bestimmte „Ensembles“ von Steinwerkzeugen gliedern. Ab der jüngeren Altsteinzeit kommen Knochengeräte und Kunstwerke dazu. Diese „Ensembles“ wurden früher von den Prähistorikern als Kulturen bezeichnet. Heute spricht man von Technokomplexen, Industrien, archäologischen Stufen oder Kulturstufen.
Die Technokomplexe der Altsteinzeit sind entweder nach der Form bestimmter typischer Steinwerkzeuge (beispielsweise Geröllgeräte-Industrien) oder nach Fundorten (beispielsweise das Aurignacien nach der Höhle von Aurignac im französischen Département Haute Garonne) benannt, an denen man die charakteristischen „Ensembles“ zuerst entdeckte oder beschrieb.
In diesem Text wird weitgehend das von dem Prähistoriker Lutz Fiedler entworfene und im Buch „Deutschland in der Steinzeit“ (1991) von Ernst Probst enthaltene Schema über die Abfolge und Zeitdauer der altsteinzeitlichen Technokomplexe in Mitteleuropa benutzt.
Da die Altsteinzeit zum Eiszeitalter (Pleistozän) gehörte, das in Mitteleuropa vor etwa 2,3 Millionen Jahren begann und vor etwa 10.000 Jahren (etwa 8.000 v. Chr.) endete, war das Klima in dieser Periode extremen Schwankungen unterworfen. Im Eiszeitalter folgte auf eine Kaltzeit oder eine noch viel grimmigere Eiszeit (Glazial) jeweils eine klimatisch milde Warmzeit (Interglazial) und umgekehrt.

Die heutigen Menschen leben nach dem Eiszeitalter und in einer Warmzeit und wundern sich kurioserweise darüber, dass es warm ist!

In Büchern, Zeitschriften und im Internet kursieren etliche Gliederungen des Eiszeitalters, die mehr oder minder voneinander abweichen. Im Taschenbuch „Deutschland im Eiszeitalter“ (2010) von Ernst Probst zum Beispiel liest man folgende Zeitangaben für Warmzeiten, Kaltzeiten und Eiszeiten:

Prätegelen-Kaltzeit etwa 2,6 bis 1,96 Millionen Jahre
Tegelen-Warmzeit etwa 1,96 bis 1,78 Millionen Jahre
Eburon-Kaltzeit etwa 1,78 bis 1,3 Millionen Jahre
Waal-Warmzeit etwa 1,3 bis 1,07 Millionen Jahre
Bavel-Komplex etwa 1,07 Millionen bis 990.000 Jahre
Menap-Kaltzeit etwa 990.000 bis 800.000 Jahre
Cromer-Komplex etwa 800.000 bis 480.000 Jahre
Elster-Eiszeit etwa 480.000 bis 330.000 Jahre
Holstein-Warmzeit etwa 330.000 bis 300.000 Jahre
Saale-Eiszeit etwa 300.000 bis 127.000 Jahre
Eem-Warmzeit etwa 127.000 bis 115.000 Jahre
Weichsel-Eiszeit etwa 115.000 bis 11.700 Jahre

Von einer Kaltzeit spricht man, wenn eine langfristige Abkühlung des Klimas nicht mit Gletschervorstößen verbunden war, während es sich immer dann um eine Eiszeit handelte. wenn weitreichende Gletschervorstöße erfolgten. Eine Eiszeit konnte von einer kurzen wärmeren Phase (Interstadial) oder mehreren unterbrochen werden. Zu einer Warmzeit gehörte manchmal eine kurze kältere Phase (Stadial), manchmal waren es auch mehrere.

In den Kälteperioden des Eiszeitalters fiel auf dem Festland die mittlere Jahrestemperatur um etwa 10 bis 15 Grad Celsius gegenüber den heutigen Temperaturen. Auch in den oberen Wasserschichten des Meeres sank sie um etwa 6 bis 7 Grad

Celsius gegenüber den jetzigen Verhältnissen. Sogar im Juli betrugen die Durchschnittstemperaturen nur zwischen plus 10 und 5 Grad Celsius. Andererseits war es in den Warmzeiten wärmer als in der Gegenwart.

Als Ursachen für die starken Klimaschwankungen des Eiszeitalters werden Schwankungen der Sonnenstrahlung durch Temperatur- und Zustandsänderungen der Sonne oder drastisch verringerte Strahlendurchlässigkeit des Weltraumes – etwa beim Dazwischentreten kosmischer Staubwolken – angenommen. Denkbar sind aber auch periodische Schwankungen in der Stellung der Erdachse und in der Erdbahn mit unterschiedlicher Sonnennähe oder geringe Durchlässigkeit der irdischen Lufthülle, die durch globalen Vulkanismus bewirkt sein könnte. Nachlesen konnte man dies in dem Buch „Deutschland in der Steinzeit“ (1991) von Ernst Probst.

In Europa existierten im Eiszeitalter mehrere Ausgangszentren von Gletschervorstößen. Von Skandinavien aus drangen die Hauptgletscher zum Ostseeraum und zeitweise weiter nach Süden (Polen, Ostdeutschland) und nach Westen (Norddeutschland, Niederlande). Die skandinavischen Gletscher erstreckten sich aber auch bis in den europäischen Teil von Russland. Von Irland und Schottland aus stießen Gletscher nach Westen in den Atlantischen Ozean und nach Süden in die Irische See sowie nach Ostengland vor. Die Gletscher der Alpen rückten in den Eiszeiten weit nach Norden (Süddeutschland, Österreich) und nach Süden (Schweiz, Norditalien) vor. In Spanien waren die Pyrenäen vergletschert.

Die ältesten Spuren von Gletschervorstößen in Süddeutschland stammen aus den Biber-Eiszeiten vor mehr als 2 Millionen Jahren. Sie sind nach dem Flüsschen Biber nordwestlich von Augsburg in Bayern benannt, in dessen Gegend eiszeitliche Schotterablagerungen nachgewiesen sind.

Die ältesten Spuren von Gletschervorstößen in Norddeutschland werden in die Elster-Eiszeit vor etwa 400.000 Jahren datiert. Damals bedeckten die skandinavischen Gletscher ganz Norddeutschland. Sie drangen darüber hinaus bis in die Gegend von Dresden (Sachsen), Erfurt (Thüringen), Soest, Recklinghausen und Kettwig (alle Nordrhein-Westfalen) vor.
Die weitesten Vorstöße der alpinen Gletscher erfolgten in der Mindel-Eiszeit vor etwa 400.000 Jahren. Sie reichten bis nach Biberach an der Riß, Ottobeuren, Mindelheim, Fürstenfeldbruck, Erdingen, Mühldorf am Inn und Burghausen an der Salzach.
Die weitesten Vorstöße der skandinavischen Gletscher in der Saale-Eiszeit vor etwa 200.000 Jahren reichten bis südlich von Dortmund, ins Ruhrtal sowie fast bis Düsseldorf, Krefeld und Geldern.
Die weitesten Vorstöße der alpinen Gletscher in der süddeutschen Riss-Eiszeit vor etwa 200.000 Jahren gelangten fast bis Augsburg und München.
Als letzte Eiszeiten mit Gletschervorstößen in Deutschland gelten die norddeutsche Weichsel-Eiszeit und die süddeutsche Würm-Eiszeit vor etwa 117.000 bis 10.000 Jahren (etwa 8.000 v. Chr.). Der weichsel-eiszeitliche Ostseegletscher breitete sich vor etwa 20.000 Jahren bis Flensburg, Kiel, Hamburg und Brandenburg aus. Die würm-eiszeitlichen Alpengletscher bedeckten das Alpenvorland vom Bodensee bis nach Salzburg. Zwischen den nordischen und alpinen Gletschern lag ein etwa 600 Kilometer breites, eisfreies Gebiet. Bis nach Wiesbaden sind weder nordische noch alpine Gletscher jemals vorgedrungen.
In den Eiszeiten wurden riesige Wassermengen in Form von Schnee und Eis gebunden. Dies hatte zur Folge, dass der Meeresspiegel weltweit um etwa 100 Meter fiel. Dadurch

entstanden zwischen manchen Gebieten, die bis dahin durch das Meer getrennt wurden, Landverbindungen, die Tier- und Menschenwanderungen erlaubten. So war beispielsweise England im Eiszeitalter zeitweise mit dem europäischen Kontinent verbunden. Auch etliche heutige Inseln im Mittelmeer waren in Eiszeiten trockenen Fußes vom jetzigen Festland aus erreichbar.
Nordamerika verdankt dem Trockenfallen der Bering-Meeresstraße die erste Besiedlung durch Menschen. Über die festländische Bering-Landbrücke konnten vor ungefähr 25.000 Jahren sibirische Jäger und Sammler auf den bis dahin menschenleeren Kontinent wandern. Auch Japan besaß in den Eiszeiten eine feste Landverbindung zum asiatischen Kontinent. Australien war in den Eiszeiten im Norden mit Neuguinea und im Süden mit Tasmanien verbunden. In den Warmzeiten des Eiszeitalters stieg der Meeresspiegel weltweit durch das Schmelzwasser der Gletscher und die nun nicht mehr im Eis gebundenen Niederschläge. Das Meer überflutete jetzt auch Festlandsgebiete.
Der Wechsel von einer Warmzeit zu einer Kaltzeit bzw. Eiszeit und umgekehrt war jeweils mit merklichen Veränderungen in der Pflanzen- und Tierwelt verbunden. In Mitteleuropa beispielsweise breiteten sich während einer Warmzeit die Wälder aus, in denen Eichen, Ulmen, Eschen, Hasel, Hainbuchen und Tannen wuchsen. Vor einer nahenden Kalt- bzw. Eiszeit lockerten nordische Baumarten – wie Birke und Kiefer – die Waldbestände auf und verdrängten allmählich den Eichenmischwald. Mit zunehmend kühlerem Klima lichteten sich die Wälder immer mehr. In der Kalt- bzw. Eiszeit selbst breiteten sich baumlose Gras- und Zwergstrauchsteppen (Tundren) zu ungunsten der Wälder aus. Sobald sich das Klima besserte, konnten zunächst Birken und Kiefern wieder

gedeihen und später auch wärmeliebende Baumarten, die bald erneut Wälder bildeten.
In den Warmzeiten lebten in Mitteleuropa unter anderem wärmeliebende Waldelefanten, Waldnashörner, Flusspferde und Affen. In der Übergangszeit zwischen einer Warmzeit und einer Kalt- bzw. Eiszeit gesellten sich zu den wärmeorientierten Tieren auch kälteorientierte Tiere hinzu. In den Kalt- bzw. Eiszeiten verschwanden die wärmeorientierten Tiere, während die kälteorientierten Steppenelefanten, Mammute, Fellnashörner und Rentiere verstärkt einwanderten. Es gab aber auch Tierarten, die sich sowohl in Warmzeiten als auch in Eiszeiten behaupteten. Dazu gehörten beispielsweise Löwen, Hyänen und Bären.
Im Eiszeitalter begann die Entwicklung einiger Tierarten, die teilweise heute noch vorkommen oder bereits ausgestorben sind. So traten in Europa erstmals Wölfe und Pantherkatzen (Europäischer Jaguar) auf. Die direkte Ahnform des Löwen tauchte zuerst in Afrika und später auch in Asien auf. Auch der Ursprung der frühesten Tiger in Asien fiel ins Eiszeitalter. Aus Europa kennt man die ältesten Rehe, aus Asien die ersten Büffel, Bisonten und Wildrinder. Gegen Ende des Eiszeitalters starben die Mammute, Fellnashörner, Höhlenlöwen, Säbelzahnkatzen, Höhlenhyänen und Höhlenbären aus.
Als erste Art der Menschenartigen, die außer in Afrika auch in Europa und Asien heimisch gewesen ist, gilt der Frühmensch *Homo erectus* (deutsch: aufrecht gehender Mensch). Sein Artname ist irreführend, da vor ihm schon Vormenschen der Gattung *Australopithecus* („Südaffe") aufrecht gehen konnten, was man aber zur Zeit der Namensgebung noch nicht wusste. *Homo erectus* wurde wohl meist bis zu 1,60 Meter groß. Er verfügte bereits über ein 900 Kubikzentimeter und mehr großes Gehirn. Sein Schädel

Rekonstruktion des Heidelberg-Menschen
(heute: Homo heidelbergensis, vorher: Homo erectus heidelbergensis).
Die Heidelberg-Menschen gingen
aus den Frühmenschen der Art Homo erectus hervor.
Foto: Jose Luis Martinez Alvarez / CC-BY-SA2.0
(via Wikimedia Commons),
lizensiert unter Creative-Commons-Lizenz by-sa-2.0-de,
https://creativecommons.org/licenses/by-sa/2.0/legalcode

bestand aus dicken Knochenwänden und hatte mächtige Überaugenwülste vor einer flachen, fliehenden Stirn. Das Gliedmaßenskelett unterschied sich nur wenig von dem der heutigen Menschen. Der etwa 600.000 Jahre alte Unterkiefer von Mauer bei Heidelberg gilt als der Senior unter den deutschen Frühmenschen.

Aus Prezletice (Prag-Ost) in Tschechien kennt man den Rest einer Winterhütte, die vor schätzungsweise 600.000 Jahren errichtet worden war. Frühmenschen suchten aber auch Höhlen auf. Dies zeigen Funde aus der Höhle Sandalja bei Oula in Istrien (Slowenien). Die dort entdeckten Tierknochen und Holzkohlestückchen deuteten darauf hin, dass man damals schon in Europa das Feuer zu nutzen verstand.

Spätestens vor etwa 400.000 Jahren brachten Jägertrupps von Frühmenschen mit Holzlanzen bereits große Elefanten zur Strecke. Sie erlegten auch Nashörner, Wildpferde, Wildschweine, Biber, seltener Löwen und Bären.

Aus Frühmenschen gingen vor mehr als 300.000 Jahren die ersten Menschen der Art *Homo sapiens* (deutsch: vernunftbegabter Mensch) hervor. Ihnen wird der Oberschädel einer Frau aus Steinheim an der Murr in Baden-Württemberg zugerechnet. Das Gehirnvolumen dieser Menschen lag zwischen etwa 1.300 und 1.500 Kubikzentimetern. Sie hatten einen kräftigen Knochenwulst über den Augen, eine fliehende Stirn und ein fliehendes Kinn wie *Homo erectus*. Aber ihre Stirn und vor allem ihr Hinterhaupt waren schon steiler und damit fortschrittlicher als bei *Homo erectus* und sogar beim zeitlich späteren „klassischen Neandertaler“.

Ein Teil der Wissenschaftler bezeichnet diese frühen Vertreter der Art *Homo sapiens* in Europa als Praesapienten. Andere sprechen in Anlehnung an den deutschen Fundort vom Steinheim-Menschen. Wiederum andere Anthropologen und

Rekonstruktion eines Neandertalers
im Neanderthal-Museum, Mettmann.
Foto: Stefan Scheer / CC-BY-SA3.0 (via Wikimedia Commons),
lizensiert unter Creative-Commons-Lizenz by-sa-3.0-de,
https://creativecommons.org/licenses/by-sa/3.0/legalcode

Prähistoriker betrachten diese Vorfahren als Vorläufer der Neandertaler und nennen sie deshalb Vor- oder Anteneandertaler.
Da die Bezeichnungen Praesapienten, Steinheim-Menschen, Anteneandertaler und Praeneandertaler umstritten sind, werden in diesem Text die Menschen aus der Zeit vor etwa 300.000 bis zum Beginn der letzten Eiszeit vor etwa 115 000 Jahren „frühe Neandertaler" genannt.
Auf die „frühen Neandertaler" folgten in Europa in der vor etwa 115.000 Jahren beginnenden letzten Eiszeit die späten oder „klassischen Neandertaler" als die „eigentlichen Neandertaler". Sie werden Palaeoanthropinen oder Altmenschen genannt. Die „klassischen Neandertaler" wurden bis zu 1,60 Meter groß und hatten eine untersetzte Statur. Ihr Gehirnschädel war langgestreckt, relativ flach und besaß Brotlaibform. Ihre Hirnkapazität betrug 1.350 bis 1.750 Kubikzentimeter – im Durchschnitt 1.500 Kubikzentimeter – und damit im Variationsbereich der Jetztmenschen. Die Stirn war flach, über den Augen befanden sich kräftige Knochenwülste. Das Mittelgesicht trat stark hervor, die Augen- und Nasenöffnungen waren auffallend groß, die Nase wirkte plump und breit. Der mächtige Unterkiefer trug ein so weit nach vorn gerücktes Gebiss, dass zwischen dem letzten Backenzahn oder Weisheitszahn und dem aufsteigenden Ast des Unterkieferknochens eine Lücke entstand. Die Vorderzähne waren massiv und hochkronig und dienten vielleicht auch zum Festhalten von Gegenständen. Das Kinn hatte fliehende Form. Anderes als die heutigen Menschen hatten die „klassischen Neandertaler" einen robusteren Körperbau mit sehr massiven Extremitätenknochen, die im Unterarm und Oberschenkel oft stärker als bei uns gebogen waren. Nach den Muskelmarken zu schließen, handelte es sich um sehr kräftige Menschen.

Seit knapp 35.000 Jahren sind in Europa die ersten anatomisch modernen Menschen nachweisbar. Man nennt sie auch Jetztmenschen oder Neanthropinen. Sie waren im Durchschnitt größer als die früheren Menschenformen. Die Männer erreichten eine Körperhöhe bis zu 1,80 Meter, die Frauen bis zu 1,70 Meter. Diese Menschen hatten im Vergleich zu ihren Vorgängern generell ein stark verkleinertes, graziles Gesichtsskelett. Charakteristisch für den Schädel waren unter anderem die steile Stirn und das markant vorspringende Kinn. Die Hirnkapazität entsprach mit 1.200 bis 1.800 Kubikzentimetern derjenigen der heutigen Menschen. Die frühen und späten Neandertaler hielten sich im Freiland in selbstgebauten Hütten und Zelten oder kurzfristig in Höhlen und unter Felsvorsprüngen (Abris) auf. Holzlanzen waren für die frühen und späten Neandertaler die wichtigsten Jagdwaffen, wenn sie Höhlenbären, Mammuten, Fellnashörnern oder Wisenten auflauerten.
Ungeklärt ist die Herkunft der anatomisch modernen Menschen. Nach der Phasen- oder Stufen-Hypothese sollen aus den „klassischen Neandertalern“ in Europa anatomisch moderne Menschen entstanden sein. Dies sei durch einen allgemeinen Wandel bestimmter Merkmale geschehen. Beispielsweise habe die Größe der Frontzähne immer mehr abgenommen und das Kinn sei immer ausgeprägter geworden. Die Phasen- oder Stufen-Hypothese geht auf den deutschen Anatomen Gustav Schwalbe (1844–1917) zurück.
Nach der Out-of–Africa-Hypothese soll der anatomisch moderne Mensch im südlichen und östlichen Afrika entstanden sein, allmählich weite Teile Afrikas besiedelt haben, nach Phasen der Vermischung im Nahen Osten nach Europa gelangt sein und dort die Neandertaler abgelöst oder sich mit ihnen vermischt haben. Es ist also nicht sicher, welche Rolle die anatomisch modernen Menschen bei der Ablösung der

Neandertaler spielten. Denkbar sind die Ausrottung der alteingesessenen Neandertaler durch die neuankommenden Jetztmenschen oder eine Vermischung von beiden. Tatsächlich besitzen etwa 40.000 bis 90.000 Jahre alte Skelettreste aus Palästina (Skhul- und Tabun-Höhle im Karmelgebirge, Höhle im Berg Qafzeh bei Nazareth) eine eigenartige Mischung von Neandertaler- und Jetztmenschen-Merkmalen, die man am besten als Kreuzung deuten kann.
Nach Australien sind die ersten Jetztmenschen vor ungefähr 30.000 Jahren gelangt, nach Amerika vor etwa 25.000 Jahren. Dort fanden sie menschenleere Gebiete vor.
Die altsteinzeitlichen Jetztmenschen wohnten überwiegend im Freiland in Hütten oder Zelten, die sie mit langen Holzstangen und Wildpferdhäuten errichteten. Kurzfristig haben sie sich aber auch in Höhlen oder unter Felsvorsprüngen aufgehalten, die sie in manchen Fällen durch Einbauten wohnlicher gestalteten. Den altsteinzeitlichen Jetztmenschen standen anfangs ebenfalls nur hölzerne Stoßlanzen und Wurfspeere für die Jagd auf Mammute, Wildpferde und Rentiere zur Verfügung, ehe sie neue Waffen entwickelten. Vor mehr als 19.000 Jahren im Solutréen (etwa 21.000 bis 19.000 Jahre) kamen in Frankreich die ersten Speerschleudern auf. Mit dieser Fernwaffe wurde der Arm des Werfers künstlich verlängert, wodurch sich der Beschleunigungsweg, die Abwurfgeschwindigkeit und die Durchschlagskraft des Speeres erhöhte. Seit etwa 25.000 Jahren setzte man „Wurfhölzer“ in der Art von Bumerangs ein, die teilweise aus Knochen hergestellt wurden. Pfeil und Bogen gab es in Frankreich vielleicht schon vor etwa 20.000 Jahren im Solutréen. In Deutschland kamen Pfeil und Bogen erst relativ spät vor weniger als 12.000 Jahren in Gebrauch. Sie machten die Jagd auf gefährliche Tiere weniger riskant und eigneten sich viel besser zum Erlegen von besonders scheuem Wild.

Geologe Edward James Wayland (1888–1966).
Foto: British Museum (Natural History), London

Die Altsteinzeit in Wiesbaden

Die Geröllgeräte-Industrien

Aus der Zeit der Geröllgeräte-Industrien vor etwa zwei Millionen bis einer Million Jahren konnten bisher in ganz Deutschland keine Hinweise auf die Anwesenheit von Vor- oder Frühmenschen gefunden werden. Der Begriff Geröllgeräte-Industrien (Pebble Industry) wurde in den 1920er Jahren durch den damals in Entebbe beim „Geological Survey of Uganda" tätigen englischen Geologen Edward James Wayland (1888–1966) eingeführt. Die Anfänge der Geröllgeräte-Industrien reichen in Afrika ungefähr bis in die Zeit zurück, zu der in Europa das Eiszeitalter (Pleistozän) begann.
Faszinierende Einblicke in die Tierwelt vor etwa einer Million Jahren erlauben die Funde aus dem Flussbett der Ur-Werra bei Untermaßfeld nahe Meiningen in Thüringen. Bei den Ausgrabungen des Weimarer Paläontologen Ralf-Dietrich Kahlke kamen Reste ungewöhnlich vieler Tiere zum Vorschein, die bei Hochwasser ums Leben gekommen waren. In diesem eiszeitlichen Leichenfeld lagen Fossilien vom Flusspferd *(Hippopotamus amphibius antiquus)*, Südelefanten bzw. Südmammut *(Mammuthus meridionalis)*, von der Säbelzahnkatze *(Megantereon cultridens adroveri, Homotherium crenatidens)*, vom Europäischem Jaguar *(Panthera gombaszoegensis)*, Puma *(Puma pardoides)*, Gepard *(Acinonyx pardinensis pleistocaenicus)*, Luchs *(Lynx issiodorensis)*, von der Hyäne *(Pachycrocuta brevirostris)* und vom Makaken oder Magot *(Macaca sylvanus)*.
Innerhalb der Gliederung des Eiszeitalters rechnet man die Tierwelt von Untermaßfeld dem Bavelium-Komplex (etwa 1,07 Millionen bis 990.000 Jahre), auch Bavel-Komplex oder Bavelium genannt, zu. Das Bavelium wurde 1983 von dem

Dorf Mosbach zwischen Wiesbaden und Biebrich auf einem Bild von 1815.
Bild: Verschönerungs- und Verkehrsverein Biebrich am Rhein e. V. / Heimatmuseum Biebrich

niederländischen Geologen Waldo H. Zagwijn (1928–2018) und dem Palynologen Jan de Jong (beide „Rijksgeologische Dienst“ in Haarlem) beschrieben.
Die Fundstelle bei Untermaßfeld gilt als die mit Abstand wichtigste und reichhaltigste ihrer Zeitstellung in Europa. Insgesamt wurden mehr als 15.000 Wirbeltierreste (davon etwa 4.000 von Kleinsäugern) von rund 100 Arten geborgen. Darunter befinden sich spektakuläre Entdeckungen. Die Flusspferde aus Untermaßfeld gelten als die größten aller Zeiten. Weitere Raritäten sind der früheste Jaguar und Gepard aus Deutschland. Zudem entdeckte man bei Untermaßfeld neue Tierarten wie den *Bison menneri*, das Reh *Capreolus cusanoides*, den großen Hirsch *Eucladoceros giulii*, das Wildpferd *Equus wuesti* und den Bären *Ursus rodei*. *Bison menneri* ist mit einer Schulterhöhe von 1,78 Meter der größte Bison aller Zeiten.
Der eigenständige Charakter, die Vollständigkeit und die gute Überlieferungsqualität der Untermaßfelder Säugetierfossilien haben Ralf-Dietrich Kahlke bewogen, für die Zeit vor etwa 1,2 Millionen bis 900.000 Jahren den Begriff Epi-Villafranchium vorzuschlagen.

Keine Geröllgeräte in Wiesbaden

Auch in Wiesbaden hat man – wenngleich selten – eine Million Jahre alte Tierreste aus dem Eiszeitalter entdeckt. Sie kamen in frühen Ablagerungen der Mosbach-Sande zum Vorschein. Die Mosbach-Sande sind nach dem ehemaligen Dorf Mosbach zwischen Wiesbaden und Biebrich benannt und kommen auf dem Gebiet von Biebrich, Mainz-Amöneburg und Mainz-Kastel vor. Geröllgeräte von Frühmenschen sind dort noch nie zum Vorschein gekommen.

Unterkiefer eines jugendlichen Flusspferdes aus den Mosbach-Sanden bei Mainz-Amöneburg im „Naturhistorischen Museum Mainz".
Foto: Naturhistorisches Museum Mainz / Landessammlung für Naturkunde Rheinland-Pfalz

Das Protoacheuléen

Die ältesten archäologischen Zeugnisse für die Existenz von Frühmenschen in Deutschland stammen aus dem Protoacheuléen vor etwa 1,2 Millionen bis 600.000 Jahren. In dieser Zeitspanne sind offensichtlich die ersten Jäger und Sammler eingewandert. Der Begriff Protoacheuléen wurde 1985 von dem Marburger Prähistoriker Lutz Fiedler geprägt. Dieser Name besagt, dass es sich um eine Kulturstufe vor dem eigentlichen Acheuléen handelt. Der Name Acheuléen erinnert an den französischen Fundort Saint-Acheul bei Amiens an der Somme.

Vor fast einer Million Jahren brachen in der Hohen Eifel, West- und Osteifel immer wieder Vulkane aus. Solche Naturkatastrophen könnten vielleicht auch Frühmenschen erschreckt haben.

In die Zeit des Protoacheuléen fällt der Cromer-Komplex, ein Abschnitt des Eiszeitalters vor etwa 800.000 bis 480.000 Jahren. Das Klima im Cromer war nicht einheitlich. Einerseits gab es sehr milde, andererseits aber auch kühle Abschnitte. In Mitteleuropa wird das Comer in vier Warmzeiten und vier Kaltzeiten unterteilt. Die charakteristische Cromer-Forest-Bed-Abfolge bei Cromer in Norfolk (England) wurde 1882 von dem englischen Geologen Clement Reid (1853–1916) beschrieben.

Zeitweilig dürfte das Klima im Cromer so warm gewesen sein wie heute in der Kurzgrassavanne Serengeti in Tansania (Afrika). In solchen Phasen schwammen Herden von Flusspferden im Rhein. Im „Naturhistorischen Museum Mainz" ist ein 55 Zentimeter langer Unterkiefer eines jugendlichen Flusspferds aus den Mosbach-Sanden (früher: Mosbacher Sande) bei Mainz-Amöneburg zu bewundern. An Land lebten damals

Lebensbild der Säbelzahnkatze (Homotherium crenatidens). Zeichnung: Shuhei Tamura, Kanagawa, Japan

Lebensbild des Mosbacher Löwen (Panthera fossilis). Zeichnung: Shuhei Tamura, Kanagawa, Japan

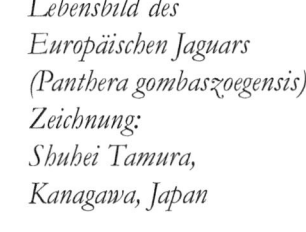

Lebensbild des Europäischen Jaguars (Panthera gombaszoegensis). Zeichnung: Shuhei Tamura, Kanagawa, Japan

Lebensbild des Riesen-Gepard (Acinonyx pardinensis). Zeichnung: Shuhei Tamura, Kanagawa, Japan

Unterkiefer des Heidelberg-Menschen von Mauer bei Heidelberg.
Foto: Gerbil / CC-BY-3.0 (via Wikimedia Commons), lizensiert unter Creative-Commons-Lizenz by-3.0-de, https://creativecommons.org/licenses/by/3.0/legalcode

ebenfalls viele Exoten. Dazu gehörten Affen, Säbelzahnkatzen, von der Kopf- bis zur Schwanzspitze maximal 3,60 Meter lange Löwen (Mosbacher Löwe), Europäische Jaguare, Geparden, Hyänen, Steppenmammute, Waldelefanten und Nashörner. Außerdem gab es Hirsche, Rehe, Wildpferde, Bisons, Bären, Wölfe, Luchse, Wildschweine, Biber und Hasen.

Als eindrucksvollstes Zeugnis der Besiedlung Deutschlands durch Frühmenschen gilt der am 21. Oktober 1907 durch den Sandgrubenarbeiter Daniel Hartmann (1884–1952) in einer Sandgrube von Mauer bei Heidelberg entdeckte etwa 600.000 Jahre alte Unterkiefer des Heidelberg-Menschen. Dieser verdankt seinen Namen der Tatsache, dass er in Heidelberg aufbewahrt wird. Der Unterkiefer des Heidelberg-Menschen zeigt, dass dieser kein Kinn besaß. Er ist mit 12,5 Zentimetern länger als die Unterkiefer heutiger Menschen. Die Größe und Robustheit des Unterkiefers sprechen für einen Mann. Da die Schneide- und die Backenzähne stark abgekaut sind, die Weisheitszähne dagegen kaum Abnutzungsspuren aufweisen, schätzt man das Sterbealter des Heidelberg-Menschen auf etwa 20 bis 25 Jahre. Am Fundort des berühmten Heidelberg-Menschen von Mauer konnten bisher keine Steinwerkzeuge aus dem Protoacheuléen entdeckt werden. Die von dem Ahrensburger Prähistoriker Alfred Rust (1900–1985) in Mauer entdeckten Hackgeräte (Choppers) sind – wie sich später herausstellte – auf natürliche Weise entstanden.

Zu den tatsächlich ältesten Belegen für die Anwesenheit von Frühmenschen in Deutschland zählt ein schätzungsweise eine Million Jahre altes primitives Steinwerkzeug, das in einer Tongrube von Kärlich bei Koblenz im Mittelrheingebiet (Rheinland-Pfalz) gefunden wurde. Dabei handelt es sich um einen Rhein-Flusskiesel aus Quarzit, an dem ein Frühmensch

Frühmensch vor rund 600.000 Jahren.
Zeichnung: Fritz Wendler (1941–1995)
für das Buch „Deutschland in der Steinzeit" (1991)
von Ernst Probst

mit wenigen Schlägen eine Schneidekante geschaffen hatte. Der seltene Fund glückte 1982 dem Sammler Konrad Würges aus Kärlich und wurde von dem Kölner Prähistoriker Gerhard Bosinski als Werkzeug bestätigt. Ins Protoacheuléen datieren kann man vermutlich auch die Steinwerkzeuge von Gondorf in Rheinland-Pfalz. Die Flusskiesel, aus denen diese Werkzeuge zurechtgehauen wurden, stammen aus etwa 1,2 Millionen bis 600.000 Jahre alten Schichten der Mosel. Die Steinwerkzeuge von Gondorf hat 1970 der Marburger Prähistoriker Lutz Fiedler entdeckt. Später trugen der Marburger Archäologiestudent Axel von Berg und der Sammler Horst Klingelhöfer aus Marl an diesem Fundort ganze Kollektionen solcher Werkzeuge zusammen. Ein Alter von nahezu einer Million Jahren wird außerdem für ein- oder zweiseitig behauene Quarzit-Kiesel von Hünfeld-Großenbach im Kreis Fulda (Hessen) diskutiert. Derart archaische Steinwerkzeuge mit einer einzigen Schneidekante wurden 1979 durch den Sammler Heinrich Leister aus Rothenkirchen entdeckt. Zwischen 700.000 und 600.000 Jahre alt sollen Steinwerkzeuge von Winningen an der Mosel und von Weiler bei Bingen sein. Auf mehr als 650.000 Jahre werden zwei Faustkeile aus Quarzit geschätzt, die von einem Sammler aus Kiesschichten des Rheins bei Kirchhellen zwischen Bottrop und Dorsten geborgen wurden. Mehr als 600.000 Jahren alt könnten auch einige Geröllgeräte aus dem Rodachtal von Kronach in Oberfranken (Bayern) sein.

Prähistoriker Hugo Obermaier (1877–1946).
Foto: Aufnahme von 1924

Das Altacheuléen

Das Altacheuléen vor etwa 600.000 bis 350.000 Jahren ist der älteste Abschnitt des nach einem französischen Fundort benannten Acheuléen. Aus dieser Kulturstufe kennt man in Deutschland einige Schädelreste von Frühmenschen, Siedlungsspuren, Jagdbeutereste und Steinwerkzeuge. Der Begriff Altacheuléen wurde 1924 von dem damals in Spanien tätigen Prähistoriker Hugo Obermaier (1877–1946) vorgeschlagen.

Der größte Teil des Altacheuléen fiel in die Warmzeit Cromer III vor weniger als 600.000 Jahren, eine darauffolgende Kaltzeit und in die Cromer-Warmzeit IV vor etwa 500.000 Jahren. In der Wiesbadener Gegend gab es weiterhin stattliche Riesenlöwen, riesige Elefanten, massige Nashörner und große Herden von Wildpferden. In den Warmzeiten konnten sich wärmeorientierte Waldelefanten behaupten, die in den Kaltzeiten von den ein kühleres Klima vertragenden Steppenmammuten abgelöst wurden.

Vor etwa 400.000 Jahren folgte in Norddeutschland die nach einem Nebenfluss der Saale benannte Elster-Eiszeit. Während dieser drangen erstmals skandinavische Gletscher nach Süden bis Sachsen (Dresden), Thüringen (Erfurt) und Nordrhein-Westfalen (Soest, Recklinghausen) vor. Der Gletschervorstoß verwandelte weite Gebiete in Eiswüsten, in denen kein Leben möglich war.

Die Klimaverschlechterung der Elster-Eiszeit hatte auch im Vorfeld des Eises spürbare Folgen. Statt der Wälder mit klimatisch anspruchsvollen Bäumen machten sich allmählich Tundren und Steppen breit. Im Laufe der Elster-Eiszeit wanderten extreme Kälte vertragende nordostsibirische Tierarten – wie Fellnashörner, Moschusochsen und Rentiere

Lager von Frühmenschen in Bilzingsleben (Thüringen).
Zeichnung: Fritz Wendler (1941–1995)
für das Buch „Deutschland in der Steinzeit" (1991)
von Ernst Probst

– in die nicht vergletscherten Gebiete Deutschlands ein. Sie lebten zunächst noch mit den wärmeorientierten Waldelefanten und Waldnashörnern zusammen, doch auf Dauer konnten sich die letzteren nicht behaupten. Statt der Waldelefanten weideten in den Grassteppen nun Steppenmammute, die als Vorläufer der späteren Mammute gelten.

Etwa zur gleichen Zeit wie die Elster-Eiszeit in Norddeutschland herrschte vermutlich die nach einem rechten Nebenfluss der Donau bezeichnete Mindel-Eiszeit in Süddeutschland. Während dieser Eiszeit stießen der Rheingletscher, der Illergletscher, der Lechgletscher, der Isar-Loisach-Gletscher und der Inn-Chiemsee-Gletscher weit in das Alpenvorland vor. Das Eis reichte bis Biberach an der Riß, Ottobeuren, Mindelheim, Fürstenfeldbruck, Erding, Mühldorf am Inn und Burghausen an der Salzach. Im Vorfeld der süddeutschen Gletscher entsprachen die Verhältnisse in der Pflanzen- und Tierwelt denjenigen in Norddeutschland.

Zu den ältesten Steinwerkzeugen aus dem Altacheuléen in Deutschland gehören die im Oktober 1952 von dem ehemaligen Gießener Museumsdirektor Herbert Krüger (1902–1996) in Münzenberg (Hessen) gefundenen Geräte. Sie werden auf mindestens 500.000 Jahre datiert.

Im Buch „Deutschland in der Steinzeit“ (1991) von Ernst Probst wurden die aufsehenerregenden Funde von Frühmenschen aus Bilzingsleben in Thüringen als fast 300.000 Jahre alt bezeichnet und dem Jungacheuléen zugeordnet. Doch inzwischen gelten die 28 Schädelreste, ein rechter Unterkieferast und neun einzelne Zähne von dieser berühmten Fundstelle als etwa 400.000 Jahre alt und müssen somit dem Altacheuléen zugerechnet werden. Die Entdeckungsgeschichte begann damit, dass der Prähistoriker Dietrich Mania aus Halle/Saale im

Oktober 1972 bei einer gezielten Ausgrabung in Bilzingsleben das Hinterhaupt eines Menschen barg. Er erkannte die Bedeutung dieses sensationellen Fundes jedoch erst bei der Präparation am 17. April 1974. Die Frühmenschenreste von Bilzingsleben ähneln auffällig dem weit älteren Schädel des *Homo erectus* aus der Olduvai-Schlucht in Tansania, aber auch den Funden von Vertesszöllös in Ungarn, Choukoutien in China sowie auf Java. Die Hirnschädelreste von Bilzingsleben lassen erkennen , dass der Frühmensch, von dem sie stammen, einen langgestreckten, flachen Schädel hatte. Auffällig daran sind die niedrige, fliehende Stirn, der mächtige Knochenwulst über den Augen, das abgewinkelte Hinterhaupt, die starke Nackenmuskulatur und die kräftige Kaumuskulatur an den Schädelseiten. Der Prager Anthropologe Emanuel Vlcek (1925–2006) beschrieb 1978 die Schädelreste aus Bilzingsleben als *Homo erectus bilzingslebenensis*.

1986 meldete der Tübinger Anthropologe Alfred Czarnetzki (1937–2013) einen weiteren Fund des Frühmenschen *Homo erectus* aus Deutschland: den hinteren Teil eines Schädels aus einer Kiesgrube in Reilingen bei Schwetzingen in Baden-Württemberg. Der Fundort liegt im Bereich einer ehemaligen Schlinge des eiszeitlichen Rheins. Der Schädelrest war 1978 von dem Baggerarbeiter Helmut Dautel aus Reilingen auf dem Förderband der Kiesgrube entdeckt worden. Er wurde dem „Staatlichen Museum für Naturkunde Stuttgart“ übergeben. Dort zeigte 1984 der Stuttgarter Paläontologe Karl Dietrich Adam (1921–2012) dem Anthropologen Czarnetzki die bis dahin nicht genauer untersuchten Schädelreste und überließ sie ihm großzügigerweise zur wissenschaftlichen Untersuchung. Czarnetzki stellte an den Schädelresten am Übergang vom Hinterhaupt zum Nackenmuskelfeld einen markanten Knick von etwa 109 Grad fest, der als typisches Merkmal des

Frühmenschen *Homo erectus* gilt. 1986 schlug er für diesen Frühmenschen erstmals den Namen *Homo erectus reilingensis* vor, der noch im selben Jahr im Buch „Deutschland in der Urzeit“ (1986) vin Ernst Probst erwähnt wurde. Das hohe geologische Alter dieses Fundes wurde jedoch zunächst von dem Stuttgarter Paläontologen Karl Dietrich Adam und später von dem Berliner Anthropologen Lothar Schott bezweifelt.
Etwa 440.000 Jahre alt ist – nach der Datierung vulkanischer Ablagerungen unter der Fundschicht zu schließen – eine Siedlung von Frühmenschen aus dem Altacheuléen in Kärlich (Kreis Mayen-Koblenz) in Rheinland-Pfalz. Diese Siedlung hatte einst inmitten eines nicht mehr aktiven Vulkans gelegen. Sie befand sich am Ufer eines kleinen Gewässers, das später austrocknete. In den ehemals feuchten Uferablagerungen barg man neben Resten von Wasserpflanzen auch viele Holzbruchstücke, die vielleicht Teile einer größeren Behausung waren. Gefunden wurden in Kärlich auch große Schaber, Spaltkeile und Faustkeile. Als Rohmaterial hierfür dienten Quarz und Quarzit, wie sie in Schottern des nahen Rheins reichlich vorkommen. Ein 15 Kilogramm schweres Quarzitgeröll verwendete man – nach den Abnutzungsspuren zu schließen – als Amboss. Die Frühmenschen von Kärlich brachten – wie zerschlagene Knochen aus der Siedlungsschicht zeigen – Wildpferde, Wildrinder und Wildschweine zur Strecke.
Als bisher bedeutendste Siedlungsspuren aus dem Altacheuléen in Deutschland gelten diejenigen von Bilzingsleben im Wittertal in Thüringen. Sie stammen aus der Zeit vor etwa 400.000 Jahren. Ovale und kreisförmige Grundrisse mit drei bis vier Meter Durchmesser aus angehäuften großen Knochen und Steinen zeugen von Hütten. Holzkohle sowie brandrissige Gerölle und Steinplatten belegen Feuerstellen, die teilweise vor den Behausungen lagen. Es sind die ältesten Feuerspuren

Der Prähistoriker Dietrich Mania aus Jena führte in Bilzingsleben (Kreis Artern) in Thüringen Ausgrabungen durch. Dort hatten sich vor etwa 400.000 Jahren Frühmenschen aufgehalten.
Foto: Archiv Friedrich Schiller-Universität Jena

in Deutschland. Die Bilzingslebener Siedlung lag an der Uferpartie eines etwa 400 mal 300 Meter großen Sees, in den ein Bach mündete.
Die Ehre, diese aufschlussreiche Siedlung entdeckt zu haben, gebührt dem erwähnten Prähistoriker Mania. Er hatte am 20. August 1969 – damals noch Aspirant am Geologisch-Paläontologischen Institut der Universität Halle/Saale – in einem Travertinsteinbruch Abfallsplitter aus Feuerstein entdeckt, wie sie bei der Werkzeugherstellung durch Frühmenschen entstehen. Die wahre Bedeutung des Fundortes zeigte sich jedoch erst bei späteren Ausgrabungen. Vor Mania – nämlich 1908 – hatte bereits der Paläontologe Ewald Wüst (1875–1934) aus Halle/Saale in Bilzingsleben Feuersteinwerkzeuge geborgen. Damit waren aber keine weiteren aufsehenerregenden Funde verbunden gewesen.
Über die Jagd der Frühmenschen im Jungacheuléen geben vor allem die insgesamt zweieinhalb Tonnen Speiseabfälle aus der Siedlung Bilzingsleben Auskunft. Die dort vorgefundenen zerschlagenen Tierknochen stammen vom Wald- und Steppenelefanten, Wald- und Steppennashorn, Wisent, Wildpferd, Rothirsch, Damhirsch, Biber und Bär. Merklich seltener waren Knochenreste vom Reh, Wildschwein, Fuchs, Dachs, Wolf, Löwen, der Wildkatze und vom Affen. Dies zeigt, dass die Frühmenschen tüchtige Jäger waren, die selbst vor großen und gefährlichen Tieren nicht zurückschreckten.
Bei den Ausgrabungen in Bilzingsleben kam ein gestampftes Pflaster-Halbrund aus Knochen und Geröll zum Vorschein, das vermutlich als Ritualplatz diente. Dort wurden offenbar die Schädel verstorbener Angehöriger zertrümmert und deren Gehirn bei einem rituellen Mahl verzehrt. Schnitt- und Ritzspuren auf einem Hinterhauptsbein von Bilzingsleben könnten von Manipulationen nach dem Tod herrühren.

Umstrittene Knochenwerkzeuge aus ungefähr 600.000 Jahre alten Ablagerungen der Mosbach-Sande bei Mainz-Amöneburg (heute: Stadtkreis Wiesbaden).
Foto: Naturhistorisches Museum Mainz / Landessammlungen für Naturkunde Rheinland-Pfalz

Frühmenschen in Mainz und Wiesbaden?

Mehr oder minder umstritten sind manche Hinweise für die Anwesenheit von Frühmenschen in Mainz und Wiesbaden aus der langen Zeitspanne von ungefähr 650.000 Jahren seit dem ersten Fund eines Steinwerkzeuges in Deutschland vor etwa einer Million Jahren bis zum Ende des Altacheuléen vor rund 350.000 Jahren. In Kärlich bei Koblenz am Mittelrhein sind Jäger und Sammler der Art *Homo erectus* bereits vor schätzungsweise einer Million Jahren gewesen, wie der Fund eines primitiven Steinwerkzeuges mit einer Schneidekante von dort beweist. Wild und Wasser hätten frühe Wildbeuter damals auch bei einem Aufenthalt in der Landschaft von Mainz am Oberrhein vorgefunden.

Der Wiesbadener Präparator August Römer (1825–1899) sammelte oder kaufte bereits 1874/1875 kleine und unscheinbare Knochenfragmente eines Hirsches *(Cervus acoronatus)* und eines Elches *(Alces latifrons)* aus den Mosbach-Sanden, von denen er vermutete, eiszeitliche Menschen hätten diese bearbeitet. Fundorte dieser Knochenfragmente waren Sandgruben an der rechten und linken Seite der von Wiesbaden nach Mosbach führenden Chaussee. Auf von Römer beschrifteten Etiketten ist von durch Menschenhand bearbeiteten (gespaltenen) und zugespitzten Knochen die Rede. Aus heutiger Sicht ist klar, dass für die Fragmentierung der von Römer gesammelten oder gekauften Hirsch- und Elchfossilien keine Menschen in Frage kommen, sondern – laut dem Paläontologen und Geologen Thomas Keller – Raubtiere aus dem Eiszeitalter.

Sehr umstritten sind auffällig geformte Knochen von Wildpferd, Wisent und Elefant, die 1929, 1931 und 1936 in ungefähr 600.000 Jahre alten Ablagerungen der Mosbach-Sande bei Mainz-Amöneburg (heute: Stadtkreis Wiesbaden) gefunden wurden. Der Mainzer Zoologe Otto Schmidtgen (1879–1938) glaubte, die von ihm entdeckten auffälligen Knochen seien durch Abschlagen und Abschleifen von Teilen zu Artefakten umgearbeitet worden. Er deutete diese umstrittenen Funde als Dolch, Messer, Glätter, Stichel, Bohrer und Schaber. Schmidtgen war zwischen 1914 und 1938 Direktor des „Naturhistorischen Museums Mainz" und wurde 1917 zum Professor ernannt. 1929 und 1931 berichtete er im „Jahrbuch des Nassauischen Vereins für Naturkunde" sowie 1930 in einer Festschrift über Knochenartefakte aus dem Mosbacher Sand. 1931 schrieb er, schon immer sei die Annahme berechtigt gewesen, dass der *Homo heidelbergensis* auch „bei uns" (gemeint sind die Mosbach-Sande bei Wiesbaden) gelebt habe. Die Entfernung der beiden Fundstellen (nämlich Mosbach-Sande und Mauerer Sande) sei nicht sehr groß. Der Wildreichtum am Taunusabhang und im breiten Rheintal sei, wie die Funde zeigten, wohl größer als dort, wo der Unterkiefer des Heidelberg-Menschen zum Vorschein gekommen war. Es wäre geradezu ein Wunder, wenn die Jäger ihre Jagdzüge nicht auch bis hierher ausgedehnt hätten. Die Originalfunde der im „Naturhistorischen Museum Mainz" aufbewahrten mutmaßlichen Knochenwerkzeuge wurden im Zweiten Weltkrieg (1939–1945) zerstört. Aber es sind noch Abgüsse davon vorhanden. Im Buch „Deutschland in der Urzeit" (1986) von Ernst Probst sind zwei dieser Abgüsse abgebildet. Der größere davon ist ein etwa 20 Zentimeter langer Wildpferdknochen mit dem Aussehen eines Dolches.

Zwischen 1949 und 1954 überließ der Wiesbadener Privatsammler Otto R. Schweitzer (1878–1954) der „Sammlung

Nassauischer Altertümer“ Hunderte von vermeintlichen Artefakten aus der Altsteinzeit, die er in der Umgebung seines Wohnortes geborgen hatte. Er suchte und sammelte vor allem in der Dyckerhoff-Grube „Am Hambusch“ bei Mainz-Amöneburg, in der Ziegelei Hessemer an der Frankfurter Straße, am quarzreichen Hainerberg, in den Walddistrikten „Himmelsöhr“ und „Rabengrund“ sowie in Baugruben. Die von ihm für Werkzeuge gehaltenen Funde bestehen aus einheimischen Steinarten, vor allem aus Quarzit. Auffällig ist der hohe Anteil an Typen, die wie Faustkeile wirken.

Der Prähistoriker Karl Josef Narr (1921–2009) aus Münster/Westfalen verglich 1954 die Funde von Schweitzer nach einer ersten Untersuchung mit Typen aus den Kulturstufen Acheuléen und Moustérien. Die Diskussion über diese umstrittenen Artefakte wurde 1969 durch den Wiesbadener Archäologen Heinz-Eberhard Mandera (1922–1995) bei der 13. Tagung der Hugo-Obermaier-Gesellschaft in Bad Kreuznach neu entfacht. Am Ende waren die Zweifler an der Echtheit der Artefakte in der Überzahl. Doch im Tagungsbericht hieß es, dieser Fundkomplex könne nicht einfach als Fälschung abgetan werden. Letzte Klarheit könnten nur Grabungen an den von Schweitzer bevorzugten Fundstellen bringen.

1955 hat der Wiesbadener Museumsdirektor Ferdinand Kutsch (1889–1972) in den „Nassauischen Annalen“ einen anerkennenden Nachruf über Schweitzer veröffentlicht: „Er war einer unserer lebendigsten und eifrigsten Freunde und hat sich um die Sammlung Nassauischer Altertümer und die vorgeschichtliche Forschung verdient gemacht. Ihm allein verdanken wir die Kenntnis des Paläolithikums von Wiesbaden. ... Mit seltenem Scharfblick las er die paläolithischen Geräte aus den frisch durchfurchten oder vom Regen ausgewaschenen Feldern auf und trug in uneigenster Weise ein

großes Material aus dieser bisher uns hier unbekannten, wenn auch lange gesuchten Kulturperiode zusammen ..."
Hinweise dafür, dass sich vor etlichen hunderttausend Jahren in Mainz bereits Frühmenschen aufgehalten haben, lieferte der Mainzer Arzt und engagierte Hobby-Prähistoriker Dr. med. Christian Humburg. Er berichtete über Artefakte aus Quarzit und Kalkstein, die bei umfangreichen Baumaßnahmen zwischen 1982 und 1993 in kaltzeitlichen Flussschottern von Mainz-Weisenau zum Vorschein gekommen waren. Besonders bemerkenswert war ein Quarzitgerät mit gepickten Grübchen. Manche der Artefakte könnten so alt wie die Mosbach-Sande sein, glaubt Humburg, der vermutet, in Weisenau sei ein mehrzeitig belegter Siedlungsplatz des Frühmenschen *Homo erectus* entdeckt worden. Als das Vorkommen dieser Artefakte der zuständigen archäologischen Denkmalpflege bekannt gegeben wurde, verwies man dies in den Bereich der „unmaßgeblichen Phantasie des Entdeckers".
2019 berichteten Lutz Fiedler, Christian Humburg, Horst Klingelhöfer, Sebastian Stoll und Manfred Stoll in „Humanities" über „Einige altpaläolithische Fundstellen entlang des Rheingrabens, datiert von 1,3 bis 0,6 Millionen Jahre". Dabei erwähnten sie einen „zweifellos retuschierten Schaber" und „einen Schnitt im versteinerten Mittelfußknochen eines Pferdes" aus der Einheit Mosbach III (Fauna Mosbach 2, Hauptfauna, Graues Mosbach). Der Schnitt deute auf eine Trennung von Gelenken oder Entnahme von Sehnen hin. Fiedler war früher Leiter der Archäologischen Abteilung des Landesamtes für Denkmalpflege Hessen in Marburg sowie zunächst Lehrbeauftragter, dann Honorarprofessor für die Archäologie der Steinzeit an der Philipps-Universität Marburg.

Das Jungacheuléen

Aus der Zeit des Jungacheuléen vor etwa 350.000 bis 150.000 Jahren kennt man in Deutschland etliche Schädelreste, Siedlungen und Steinwerkzeuge von letzten Frühmenschen und frühen Neandertalern. Die größere Zahl der Funde spiegelt vielleicht eine dichtere Besiedlung wider. Der Begriff Jungacheuléen wurde 1924 ebenfalls von dem deutschen Prähistoriker Hugo Obermaier eingeführt.
Auf die norddeutsche Elster-Eiszeit und die süddeutsche Mindel-Eiszeit folgte vor etwa 300.000 Jahren die in ganz Deutschland vertretene Holstein-Warmzeit, die zuerst in Schleswig-Holstein nachgewiesen wurde. Das milde Klima der Holstein-Warmzeit ließ vor allem Erlen und Kiefern, daneben aber auch Eiben und Eschen gedeihen. Auf warme Zeiten deutet unter anderem das Vorkommen von Weinreben, Buchs, Stechlaub und amerikanischem Wasserfarn hin.
Zur Tierwelt der Holstein-Warmzeit gehörten Waldelefanten, Säbelzahnkatzen, Löwen, Braunbären, Waldnashörner, Waldwisente, Wildpferde, Riesenhirsche, Rothirsche und Rehe. Aus subtropischen Gebieten Asiens wanderten sogar erstmals Wasserbüffel ein. Ein weiterer Neuankömmling aus Asien war der Auerochse (auch Ur genannt).
In der Osteifel wurden vor etwa 350.000 Jahren weiterhin Vulkane aktiv. Damals kam es beispielsweise im Riedener Kessel durch den Kontakt von Magma und Grundwasser zu ver-heerenden Vulkankatastrophen. Spuren davon sind die bis zu anderthalb Meter mächtigen Tuff- und Bimsschichten im etwa 20 Kilometer entfernten Ariendorf (Kreis Neuwied). Von einer Explosion im Wehrer Kessel vor etwa 300.000 Jahren stammen die mehr als einen Meter mächtigen Bimsschichten von Kärlich.

Rekonstruktion eines Mammuts.
Zeichnung: Othenio Abel (1875–1946)

Auf die Holstein-Warmzeit folgte vor etwa 280.000 Jahren die nach dem gleichnamigen Fluss bezeichnete Saale-Eiszeit. Während dieser stießen skandinavische Gletscher weit nach Mitteleuropa vor, so fast bis Düsseldorf, Krefeld und Geldern. Über Kleve verlief der Eisrand nach Holland. Auch in der Saale-Eiszeit kamen die Vulkane der Osteifel nicht zur Ruhe. In diesem Abschnitt brachen im Mittelrheingebiet die Vulkane Schweinskopf am Karmelenberg, Wannen, Plaidter Hummerich und Tönchesberg aus.
Die sinkenden Durchschnittstemperaturen und die verkürzte Vegetationsperiode führten in der Saale-Eiszeit dazu, dass sich in Deutschland wie in früheren Eiszeiten wieder Tundren und Steppen bildeten. Dort erschienen neben Fellnashörnern nun erstmals auch Mammute (*Mammuthus primigenius*). Die Mam-mute erreichten mit einer Schulterhöhe von drei Metern nicht ganz die Größe heutiger Afrikanischer Elefanten. Ihre Stoß-zähne waren bis zu vier Meter lang und pro Stück etwa 150 Kilogramm schwer. Mammute konnten dank ihres dichten rötlich-braunen Felles mit bis zu 35 Zentimeter langen Wollhaaren und darüber halbmeterlangen Deckhaaren selbst grimmiger Kälte trotzen. Hierbei halfen ihnen außerdem die etwa drei Zentimeter dicke Haut und eine starke Fettschicht. Die maximal sechs Tonnen schweren Mammute fraßen täglich bis zu 300 Kilogramm Pflanzennahrung.
Als zeitlich mit der Saale-Eiszeit in Norddeutschland identisch wird die nach einem Nebenfluss der Donau benannte Riß-Eiszeit in Süddeutschland betrachtet. Während dieser Eiszeit überquerte der Rheingletscher bei Sigmaringen in Baden-Württemberg die Donau und staute den Fluss zu einem riesigen See auf. Der Lechgletscher stieß bis Wörishofen vor. Der Loisachgletscher hinterließ zwischen Landesberg und Merching seine Spuren. Der Isargletscher rückte bis auf weniger

Rekonstruktion des Steinheim-Menschen.
Zeichnung: Fritz Wendler (1941–1995)
für das Buch „Deutschland in der Steinzeit" (1991)
von Ernst Probst

als 20 Kilometer an München heran. Der Inn-Chiemsee-Gletscher begrub die Landschaft im Raum Markt Schwaben, Erding, Isen, Bierwang und Trostberg unter mächtigem Eis. Nördlich der süddeutschen Gletscher erstreckte sich eine Tundra, in der Steppenelefanten, Mammute, Fellnashörner, Steppenwisente, Wildpferde, Riesenhirsche und Rothirsche lebten. Außerdem gab es Höhlenbären und Löwen.
Einer der am besten erhaltenen und aussagekräftigsten Menschenschädel aus dem Jungacheuléen ist der einer jungen Frau aus Steinheim an der Murr (Kreis Ludwigsburg) in Baden-Württemberg. Diese Frau war vermutlich vor mehr als 300.000 Jahren gestorben. Ihr Schädel besaß bereits den für die Menschen der Gegenwart fünfeckigen Umriss und eine tiefliegende Nasenwurzel mitsamt Wangengruben, die unseren heutigen gleichen. Das Fassungsvermögen des Schädelinnenraumes beträgt etwa 1.100 Kubikzentimeter. Das sind rund 200 Kubikzentimeter weniger als bei einer jetzigen mitteleuropäischen Frau. Da die Zähne der Steinheimerin im Oberkiefer – der Unterkiefer fehlt – nicht stark abgekaut sind, dürfte sie im dritten Lebensjahrzehnt gestorben sein. Der Steinheimer Frauenschädel wurde am 24. Juli 1933 in der Sandgrube Sigrist entdeckt. Karl Sigrist, der Sohn des Grubenbesitzers, meldete der „Württembergischen Naturaliensammlung" in Stuttgart – der Vorläuferin des heutigen Naturkundemuseums – telefonisch einen affenartigen Schädelfund. Über diesem hatten mächtige eiszeitliche Schotter gelegen. Am Tag darauf barg der Stuttgarter Oberpräparator Max Böck (1877–1945) den Schädel. Die wissenschaftliche Untersuchung oblag dem Stuttgarter Paläontologen Max Berckhemer (1896–1954), der den Fund 1934 als *Homo steinheimensis* beschrieb. Während des NS-Regimes wollte man in der Steinheimerin die lange gesuchte

Ahnherrin der nordischen Rasse sehen. Die Verletzungen am Steinheimer Frauenschädel werden als Hinweis auf rituell motivierten Kannibalismus diskutiert.
Aus der Höhlenruine Hunas unweit von Hartmannshof (Kreis Nürnberger Land) in Mittelfranken barg man einen rechten dritten Backenzahn, der mehr als 250.000 Jahre alt sein soll und daher von einem frühen Neandertaler herrühren könnte. Dieser Zahn wurde 1976 von dem Präparator Albert J. Günther bei Ausgrabungen des „Instituts für Paläontologie" der Universität Erlangen-Nürnberg entdeckt, die unter der Leitung des Paläontologen Josef Theodor Groiß standen. Mit frühen Neandertalern werden auch die in den Travertinsteinbrüchen von Ehringsdorf bei Weimar gefundenen Teile von Schädeln, ein Oberkieferbruchstück, Unterkieferbruchstücke und das deformierte Schädeldach einer Frau in Zusammenhang gebracht. Die Datierungen dieser Funde sind jedoch sehr umstritten. Sie erstrecken sich über einen Zeitraum von etwa 260.000 bis 115.000 Jahren. Die ersten menschlichen Skelettreste in Ehringsdorf wurden 1908 von dem Steinbruchbesitzer Robert Fischer (1882–1959) entdeckt. Danach gelangen zahlreiche weitere Funde, von denen das Fundjahr nicht immer bekannt ist.
Zu den ältesten Siedlungen des Jungacheuléen gehört die von Ariendorf bei Bad Hönningen im Mittelrheingebiet (Rheinland-Pfalz). Sie wird auf etwa 350.000 Jahre datiert. In Ariendorf hinterließen Frühmenschen außer Jagdbeuteresten von Nashorn, Wildpferd und Hirsch einige Steinwerkzeuge. Auf diese Siedlungsstelle war 1981 der Kölner Prähistoriker Gerhard Bosinski bei einem Streifzug durch das Neuwieder Becken gestoßen. Im Mittelrheingebiet befindet sich auch die Siedlung auf dem Vulkan Schweinskopf, die vor etwa 350.000 Jahren bestand. Dort lagerten Frühmenschen im Schutz eines

Kraterwalles in Nachbarschaft einer kleinen Wasserfläche, die sich in der Kratermulde gebildet hatte. Auch hier konnte man nur bescheidene Hinweise für die Anwesenheit von Frühmenschen finden. Die Siedlungsstelle auf dem Schweinskopf wurde im März 1983 von dem Sammler Karl-Heinz Urmersbach und dessen Sohn Andreas aus Weißenthurm entdeckt, als sie einen Faustkeil und einen Breitschaber aus Quarzit bargen. Doris Winter von der „Forschungsstelle Altsteinzeit" in Neuwied nahm dann Ausgrabungen vor. In die Zeit vor etwa 350.000 Jahren dürften auch Jagdbeutereste und Steinwerkzeuge gehören, die am Kartstein bei Eiserfey (Kreis Euskirchen) in der Eifel in Ablagerungen einer kalkhaltigen Quelle zum Vorschein kamen.
Von frühen Neandertalern dürften die Siedlungsspuren aus der erwähnten Höhlenruine von Hunas unweit von Hartmannshof stammen. Diese Funde aus Bayern werden in die süddeutsche Riß-Eiszeit datiert und sollen mehr als 250.000 Jahre alt sein. Die zerfallende Höhle bei Hunas ist im Mai 1956 von dem Erlanger Paläontologen Florian Heller (1905–1978) entdeckt und ausgegraben worden. Dabei kamen auch Steinwerkzeuge zum Vorschein. Frühen Neandertalern rechnet man auch die Siedlungsfunde aus den verschiedenen übereinanderliegenden Feuerstellenschichten von Ehringsdorf bei Weimar in Thüringen zu, die von manchen Experten für mehr als 200.000 Jahre alt gehalten werden. Gleiches gilt für Funde aus Mönchengladbach-Rheindahlen (Ostecke), die mehr als 150.000 Jahre alt sein sollen.
Die frühen Neandertaler war nicht minder tapfere und erfolgreiche Jäger als die Frühmenschen. In Ehringsdorf erlegten sie gern Waldnashörner und daneben Waldelefanten. Solche tonnenschweren Tiere garantierten große Fleischmengen. In Ehringsdorf wurde die Jagd auf derart riesige Tiere

vielleicht dadurch erleichtert, dass diese beim Gang zur Tränke manchmal in den Kalkschlammtümpeln in natürliche Fallen gerieten.
Aus dem Jungacheuléen liegen in Deutschland seltene und oft fragliche Geweih-, Knochen- und sogar Elfenbeinwerkzeuge vor. Auch in dieser Kulturstufe wurden neben anderen Werkzeugformen weiterhin Faustkeile angefertigt. Manche von ihnen wirken über das notwendige Maß hinaus perfekt und formschön.
Ein altbekannter Fundplatz von weniger als 200.000 Jahre alten Steinwerkzeugen aus der Saale-Eiszeit ist Markkleeberg bei Leipzig in Sachsen. Dort entdeckt der Geologe Franz Etzold (1839–1928) aus Leipzig bereits 1895 in einer Kiesgrube ein eindeutig von Menschenhand bearbeitetes Feuersteinwerkzeug. 1905 fand der Gymnasiast Karl Hermann Jacob (1866–1960) in einer Kiesgrube südlich von Markkleeberg zwei Feuersteinabschläge. Bis 1913 konnte er an diesem Fundort mehr als 300 Artefakte sammeln. Noch viel umfangreicher war die Ausbeute in den Jahren 1977 bis 1980 im Braunkohlentagebau bei Markkleeberg. Dort wurden etwa 4.500 Feuersteinartefakte geborgen. Sie sind aus Geröllen nordischen Feuersteins angefertigt, die am Rande des Pleiße-Gösel-Tales zu Tausenden vorkommen.
In Nordrhein-Westfalen hat vor allem die Ziegeleigrube Dreesen in Mönchengladbach-Rheindahlen zahlreiche saale-eiszeitliche Werkzeugfunde geliefert. Auf deren Areal sind mehrere Fund- und Siedlungshorizonte altsteinzeitlicher Jäger und Sammler entdeckt worden. Den ersten Fund hatte 1915 der Mönchengladbacher Realschullehrer Heinrich Brockmeier (1857–1941) geborgen. In die Saale-Eiszeit werden die Fundschichten B5 und B3 und vielleicht auch B2 von Mönchengladbach datiert. Allein in B3 konnte man etwa

10.000 Steinartefakte bergen, die teilweise in Clacton-Technik, aber auch in Levallois-Technik zurechtgeschlagen sind. Zum Werkzeugspektrum von B3 gehören vor allem Spitzen und Schaber, daneben Haugeräte (Choppers, Chopping-tools) aus Quarz und Quarzit, zahlreiche Abfälle und drei Sandsteinplatten mit Schleifspuren. Weitere Fundorte von Werkzeugen saale-eiszeitlichen Alters in Nordrhein-Westfalen sind Herne, Selm-Ternsche (Kreis Lüdinghausen) und Bielefeld-Johannistal.

Prähistoriker Klaus Günther (1932–2006).
Foto: Dr. Klaus Günther

Das Spätacheuléen

Als letzter Faustkeil-Formenkreis des nach einem französischen Fundort benannten Acheuléen gilt in Deutschland das Spätacheuléen vor etwa 150.000 bis 100.000 Jahren. Seine zweite Hälfte verläuft parallel zu den vor etwa 125.000 Jahren beginnenden Kulturstufen Micoquien und Moustérien. Das Spätacheuléen konnte sich im norddeutschen Flachland, wo das Micoquien nicht vertreten war, vielleicht sogar noch länger behaupten. Der Begriff Spätacheuléen wurde 1964 von dem deutschen Prähistoriker Klaus Günther (1932–2006) für Funde von verschiedenen nordrhein-westfälischen und niedersächsischen Fundorten geprägt.

Das Spätacheuléen fiel teilweise in die ausgehende Saale-Eiszeit, in die Eem-Warmzeit vor etwa 125.000 bis 115.00 Jahren und in die Anfangszeit der vor etwa 115.000 Jahren beginnenden Weichsel-Eiszeit.

Gegen Ende der norddeutschen Saale-Eiszeit zogen sich allmählich die skandinavischen Gletscher wieder in ihr Ausgangsgebiet zurück. In den Tundren und Steppen jener Zeitspanne weideten unter anderem Mammute, Fellnashörner, Wildpferde und Rentiere.

In der frühen Eem-Warmzeit überflutete das durch Schmelzwasser der Gletscher stark angewachsene Meer das Nordsee- und das Ostseebecken bis nach Ostpreußen. Dadurch wurde Skandinavien vom übrigen Europa getrennt. Mit der Klimaverbesserung im Eem war die erneute Einwanderung wärmeorientierter Tiere verbunden, während sich die an die Kälte angepassten Mammute, Fellnashörner und Rentiere zurückzogen. Im Eem eroberten Flusspferde wieder den Rhein und waren bis England verbreitet. In den Eichenmischwäldern

Deutschlands lebten Löwen, Leoparden, Waldelefanten, Wildschweine, Riesen-, Dam- und Rothirsche sowie Rehe und Wildkatzen.
In der norddeutschen Weichsel-Eiszeit wechselten sich immer wieder jeweils einige tausend Jahre lang Kaltphasen (Stadiale) und Warmphasen (Interstadiale) miteinander ab. In den frühen Kaltphasen dieser Eiszeit kam es noch zu keinen gravierenden Gletschervorstößen in Deutschland. Typische Tiere der Kaltphasen der Weichsel-Eiszeit waren Mammute, Fellnashörner, Rentiere und Moschusochsen. In Warmphasen lebten statt dessen unter anderem Höhlenlöwen, Höhlenhyänen, Wildpferde und Hirsche.
Von den Neandertalern aus dem Spätacheuléen kennt man bisher nur bescheidene und noch dazu unsicher datierte Reste. Dazu gehören zwei Backenzähne aus Taubach bei Weimar in Thüringen, die bereits 1887 und 1892 entdeckt worden sind. Der Fund von 1887 soll von einem etwa Vierzehnjährigen stammen, derjenige von 1892 von einem Neunjährigen. Diese Funde sollen schätzungsweise 100.000 Jahre alt sein.
Mit frühen oder späten Neandertalern werden auch verschiedene menschliche Skelettreste aus dem Emschertal bei Bottrop in Verbindung gebracht, die zwischen 250.000 und 50.000 Jahre alt sein sollen. Der erste dieser Funde war ein Oberschenkelknochen, den der Bottroper Museumsdirektor Arno Heinrich (1929–2009) im Jahre 1964 bei Ausschachtungsarbeiten für eine Pumpstation an der Auffahrt zum Emscher-Schnellweg barg. 1970 kam bei Baggerarbeiten im Rhein-Herne-Kanal westlich neben der Brücke an der Essener Straße ein Ellenknochen zum Vorschein. Außerdem stieß man 1970 im Fundgut aus dem Rhein-Herne-Kanal auf zwei Schädeldachfragmente. Bei all diesen Fossilien ist die Fundschicht nicht bekannt, was die Altersdatierung erschwert.

Auch im Spätacheuléen vor etwa 150.000 Jahren lagerten Gruppen von Neandertalern im Mittelrheingebiet in den Kratern erloschener Vulkane, welche die Umgebung bis zu 150 Meter überragten. Das dokumentieren Jagdbeutereste und Steinwerkzeuge auf den Vulkanen Plaidter Hummerich, Schweinskopf, Tönchesberg und Wannen. Das dunkle Lavagestein der Vulkane speicherte tagsüber die Strahlungswärme der Sonne und gab diese nachts, wenn es kühler wurde, noch stundenlang ab. In den Kratermulden war man vom Wind geschützt und konnte so auch leichter als im Flachland das Feuer hüten. Oft sicherte zudem das an der tiefsten Stelle der Krater angesammelte Regenwasser die Trinkwasserversorgung. Von der luftigen Höhe der Vulkane aus konnte man große Wildtiere gut erspähen. Vor ungebetenen vier- oder zweibeinigen Gästen war man hier sicherer als in der Ebene. Im Flachland haben die damaligen Menschen mehrere Meter Durchmesser erreichende Zelte oder Hütten errichtet. Grundrisse von solchen Behausungen vermutet man in Ariendorf (Kreis Neuwied) im Mittelrheintal (Rheinland-Pfalz) sowie in Mönchengladbach-Rheindahlen (Nordrhein-Westfalen). Gelegentlich hielten sich die Jäger und Sammler auch in Höhlen auf. Eine dieser selten aufgesuchten Höhlen ist die Balver Höhle in Nachbarschaft der nordrhein-westfälischen Stadt Balve (Märkischer Kreis). Sie liegt am Oberlauf der Hönne, einem linken Nebenfluss der Ruhr. Die Balver Höhle besitzt einen riesigen 12 Meter breiten und 11 Meter hohen Eingang. Ihr durchschnittlich etwa 15 Meter breiter Hauptarm führt 54 Meter weit in den Berg und teilt sich dort in zwei geräumige Seitenarme, die nach berühmten Ausgräbern benannt sind. In der Balver Höhle wird seit 1845 geforscht. Sie ist von Angehörigen verschiedener altsteinzeitlicher Kulturstufen bewohnt worden.

Elefantenjagd in Lehringen an der Aller.
Zeichnung: Fritz Wendler (1941–1995)
für das Buch „Deutschland in der Steinzeit“ (1991)
von Ernst Probst

Wie ein Fund aus einer Mergelgrube von Lehringen an der Aller im niedersächsischen Kreis Verden zeigt, haben die Jäger des Spätacheuléen selbst die großen Waldelefanten nicht gefürchtet. Dort hat man im März 1948 auffällig große Tierknochen entdeckt, die man bei der ersten Besichtigung für Mammutreste hielt. Tatsächlich handelte es sich jedoch um Knochen eines Waldelefanten. Wegen anhaltend schlechten Wetters konnten diese aber nicht sofort, sondern erst etliche Tage später ausgegraben werden. Bei der Bergung stieß der Mittelschulrektor i. R. Alexander Rosenbrock (1880–1955) auf eine 2,24 Meter lange Holzlanze aus Eibenholz, die im Skelett des Waldelefanten steckte. In der Umgebung des Lehringer Waldelefanten sammelte man auch Feuersteinabschläge auf, die vielleicht zum Schneiden von Fleisch benutzt worden sind.

Ähnlich alt wie die Lehringer Funde sind vielleicht die Hinterlassenschaften vom Schlachtplatz eines Waldelefanten bei Gröbern (Kreis Hainichen) in Sachsen-Anhalt. Diese Reste wurden 1987 von Arbeitern im Braunkohlentagebau entdeckt. Ein Teil der dort geborgenen Feuersteinwerkzeuge weist Abnutzungsspuren auf, die wohl beim Zerlegen des Tierkadavers entstanden sind. Sie stammen von etwa einem halben Dutzend verschiedener Rohstücke und womöglich ebenso vielen Jägern.

Für die Werkzeugfunde aus der Balver Höhle (Balve I), von der Nollheide bei Borgholzhausen im Kreis Gütersloh, aus dem Rhein-Herne-Kanal in Bottrop und Herne und von anderen Fundorten hat der Prähistoriker Klaus Günther (1932–2006) den Begriff Spätacheuléen eingeführt. Typisch waren vor allem herzförmige Faustkeile in Levallois-Technik und beid-flächig bearbeitete Schaber.

Außer Gestein verwendete man im Spätacheuléen auch andere Rohstoffe zur Werkzeugherstellung. So kennt man aus dem

Rhein-Herne-Kanal von Bottrop eine Speiche vom Fellnashorn mit Schlagkerben, einen Knochen mit abgeschrägtem Ende und vier abgeschnittene Rentiergeweihstangen. Auf dem Vulkan Tönchesberg bei Kruft (Kreis Mayen-Koblenz) in Rheinland-Pfalz fand man etwa hundert Abwurfstangen vom Rothirsch, von denen offenbar viele als Hacken benutzt wurden.

Prähistoriker Gabriel de Mortillet (1821–1898). Foto: Aufnahme vor 1898

Das Moustérien

Als bedeutendste und fundreichste Kulturstufe der Neandertaler in der mittleren Altsteinzeit gilt das Moustérien vor etwa 125.000 bis 40.000 Jahren, das in Europa, im Mittelmeergebiet und in Mittelasien sehr verbreitet war. Der Begriff Moustérien wurde 1869 von dem französischen Prähistoriker Gabriel de Mortillet (1821–1898) aus Saint-Germain bei Paris nach den Funden aus der Höhle von Le Moustier bei Les Eyzies-de-Tayac im Département Dordogne geprägt. Auch in Deutschland hat man zahlreiche Hinterlassenschaften aus dem Moustérien entdeckt.

Die ersten 10.000 Jahre des Moustérien entsprachen der Eem-Warmzeit vor etwa 125.000 bis 115.000 Jahren. Während dieser Zeit herrschte in ganz Deutschland zumeist ein sehr mildes Klima. Daher konnten sich viele klimatisch anspruchsvolle Pflanzen und Tiere behaupten. Der in die Eem-Warmzeit fallende Teil des Moustérien wird als „warmes Moustérien" bezeichnet.

Die restliche Zeit des Moustérien fiel in die Abkühlungsphase der frühen norddeutschen Weichsel-Eiszeit bzw. der süddeutschen Würm-Eiszeit (beide etwa 115.000 bis 10.000 Jahre). Auch in diesen Eiszeiten gab es wiederholt einen Wechsel von Kalt- und Warmphasen, die jeweils die Zusammensetzung der Pflanzen- und Tierwelt beeinflussten. In den Kaltphasen lebten vor allem Mammute, Fellnashörner, Rentiere und Moschusochsen. Dagegen traten in den Warmphasen Höhlenlöwen, Höhlenhyänen, Höhlenbären, Wildpferde und Hirsche auf. Der in die Weichsel- bzw. in die Würm-Eiszeit reichende Abschnitt des Moustérien wird als „kaltes Moustérien" bezeichnet.

Schädeldach des 1856 im „Neanderthal" entdeckten Neandertalers auf einer 1859 von Johann Carl Fuhlrott (1803–1877) in seinem Aufsatz „Menschliche Ueberreste aus einer Felsengrotte des Düsselthals" veröffentlichten Zeichnung

Forscher und Sammler Johann Carl Fuhlrott (1803–1877)

Die Altmenschen aus dem Moustérien gelten als „späte Neandertaler“ oder „klassische Neandertaler“. Der weltweit berühmteste Fund dieses Typs wurde im August 1856 beim Abbruch der Kleinen Feldhofer Grotte im Neandertal bei Düsseldorf-Mettmann von zwei italienischen Steinbrucharbeitern entdeckt. Beim Ausräumen von Höhlenlehm stießen sie auf 16 Knochenfragmente, warfen diese aber zunächst achtlos weg, weil sie den wissenschaftlichen Wert des Fundes nicht ahnten. Erst als die Arbeiter ein Schädeldach bargen, informierten sie die Eigentümer des Steinbruchs, Friedrich Wilhelm Pieper und Wilhelm Beckershoff. Die Steinbruchbesitzer vermuteten, die Skelettreste seien Knochen eines Höhlenbären, wie sie häufig in Höhlen zu finden sind. Dass es sich hierbei um sehr seltene Überreste eines urzeitlichen Menschen handelte, erkannte als erster der herbeigerufene Realschullehrer Johann Carl Fuhlrott (1803–1877) aus Wuppertal-Elberfeld, der im Bergischen Land einen guten Ruf als Forscher und Sammler genoss.
Die Steinbruchbesitzer überließen Fuhlrott den Fund, zu dem das Schädeldach, der rechte und der linke Oberarm, fünf Rippenfragmente, die linke Beckenhälfte und beide Oberschenkel gehören. Diese Reste stammen von einem nicht viel mehr als 1,60 Meter großen, mindestens 40-jährigen Mann. Wegen der sie umgebenden Lehmhülle wurde das Skelett nicht als solches erkannt und könnte sogar komplett vorhanden gewesen sein.
Der irische Geologe William King (1809–1866) betrachtete die Knochenfunde aus dem Neandertal als Überreste eines vorzeitlichen Menschen und verlieh ihnen 1864 zur Erinnerung an den Fundort den wissenschaftlichen Artnamen *Homo neanderthalensis* („Mensch aus dem Neandertal“). Die Schreibweise „*neanderthalensis*“ beruht darauf, dass das

Neandertal bis zur Rechtschreibreform von 1901 noch mit „h" ge-schrieben wurde. Im Laufe der Zeit bürgerte sich der Begriff Neandertaler ein.
Der renommierte Berliner Pathologe Rudolf Virchow (1821–1902), der sich 1872 die Skelettreste aus dem Neandertal in Fuhlrotts Anwesenheit zeigen ließ, beschrieb im selben Jahr unter anderem eine systematische Abflachung und Vertiefung an den beiden Schädelbeinhöckern (Malum senile), die nur bei alten Leuten auftritt. Am linken Oberarm stellte er eine krankhafte Veränderung infolge einer Verletzung fest, durch die der Arm verkürzt wurde. Die stark gekrümmten Oberschenkelknochen betrachtete er als ein Indiz dafür, dass dieser Mensch in der Kindheit an Rachitis gelitten habe. Tatsächlich ist dies aber ein Merkmal, das alle Neandertaler haben, wie sich später zeigte. Der Tübinger Anthropologe Alfred Czarnetzki identifizierte 1980 die von Virchow erwähnte krankhafte Veränderung am linken Ellenbogengelenk des Neandertalers als einen verheilten Unterarmbruch. Demnach dürfte dieser Mensch ein „Frühinvalide" gewesen sein, dessen Arm unnatürlich zum Körper gewinkelt war. Man hatte ihm vielleicht bei einem Kampf oder Überfall die Elle gebrochen.
Erst 1901 konnte der Straßburger Anatom Gustav Schwalbe (1844–1916) die Anerkennung des hohen geologischen Alters des Neandertalers aus der Kleinen Feldhofer Grotte in der Fachwelt durchsetzen. 1931 betrachtete der Wittenberger Ornithologe und Theologe Otto Kleinschmidt (1870–1954) den Neandertaler als Unterart, der er den Namen *Homo sapiens neanderthalensis* verlieh. Heute betrachtet man den Neandertaler wieder als eine Art namens *Homo neanderthalensis*.
Der Fund von 1856 aus dem Neandertal ist keineswegs der am frühesten in Europa entdeckte Neandertaler. Bereits 1829/1830 entdeckte der Arzt und Naturforscher Philippe-

Charles Schmerling (1791–1836) bei Ausgrabungen in den Höhlen von Engis bei Lüttich Neandertaler-Skelettreste, die jedoch erst 1936 durch den Anthropologen Charles Fraipont (1883–1946) aus Lüttich als solche akzeptiert wurden. Insgesamt sind in Engis 1829/1830 und 1876 Skelettreste von vier Menschen geborgen worden. Auf Gibraltar hat man 1848 unter nicht genau bekannten Umständen in einem Steinbruch einen weiblichen Neandertaler geborgen

Die Knochenreste aus der Kleinen Feldhofer Grotte im Neandertal sind nach neuen Datierungen etwa 42.000 Jahre alt und gehören zu den jüngsten Neandertaler-Funden in Mitteleuropa. Früher hat man die Funde aus der Kleinen Feldhofer Grotte auf etwa 70.000 Jahre geschätzt.

Auf dem Vorplatz der Wildscheuerhöhle bei Steeden im Lahntal wurden 1953 bei Ausgrabungen des Wiesbadener Archäologen Heinz-Eberhard Mandera (1922–1995) kurz vor der Zerstörung durch einen Steinbruchbetrieb drei Schädelfragmente von Neandertalern entdeckt. Zwei davon stammen von einem Erwachsenen, eines vor einem Kind.

Unter dem Felsvorsprung der Klausennische kam 1913 bei Aus-grabungen des damals in Paris tätigen deutschen Prähistorikers Hugo Obermaier (1877–1946) ein rechter oberer Milch-schneidezahn zum Vorschein. Er wurde 1936 von dem Berliner Anthropologen Wolfgang Abel (1905–1997) untersucht und beschrieben.

Schätzungsweise 50.000 Jahre alt dürfte das rechte Oberschenkelfragment eines Neandertalers sein, das in der Höhle Hohlenstein-Stadel bei Asselfingen (Alb-Donau-Kreis) im Lonetal in Baden-Württemberg ans Tageslicht kam. Dieses Fossil wurde 1937 bei Ausgrabungen des Tübinger Geologen und Prähistorikers Otto Völzing (1910–2001) und des Tübinger Anatomen Robert Wetzel (1898–1962) geborgen.

Rekonstruktion des Neandertalers von 1888 durch den Bonner Anatomen und Anthropologen Hermann Schaaffhausen (1816–1893). Er war der erste wissenschaftliche Bearbeiter der 1856 im „Neanderthal" entdeckten Skelettreste eines Neandertalers.

Von einem Neandertaler soll ein Oberschenkelknochen stammen, der bei Baggerarbeiten in einer Kiesgrube von Altrip (Kreis Ludwigshafen) in Rheinland-Pfalz zusammen mit eiszeitlichen Tierresten gefunden wurde. Die Kiesgrubenbesitzer schenkten diesen Fund im Mai 1914 dem „Historischen Museum der Pfalz“ in Speyer. Der Prähistoriker Friedrich Sprater (1884–1952) aus Speyer sandte den Oberschenkelknochen an das „Anthropologische Institut“ der Universität Breslau. Der Anatom und Anthropologe Hermann Klaatsch (1863–1916), identifizierte den Fund als Neandertaler-Knochen.

Vielleicht handelt es sich auch bei den Schädelresten eines Menschen aus Salzgitter-Lebenstedt in Niedersachsen um Reste eines Neandertalers. Sie wurden 1952 bei Ausgrabungen des Braunschweiger Prähistorikers Alfred Tode geborgen, jedoch erst im Juni 1956 unter den Tierknochen als menschliche Überreste erkannt. Der Braunschweiger Paläontologe Adolf Kleinschmidt identifizierte diese Funde als Hinterhauptsbein und fragmentarisches rechtes Scheitelbein.

Die „klassischen Neandertaler“ wurden bis zu etwa 1,60 Meter groß und hatten eine untersetzte Statur. Ihre Hirnkapazität betrug 1.350 bis 1.750 Kubikzentimeter – im Durchschnitt also 1.500 Kubikzentimeter – und lag damit im Variationsbereich der Jetztmenschen. Die Stirn war flach, über den Augen befanden sich kräftige Knochenwülste. Das Mittelgesicht trat stark hervor, die Augen- und Nasenöffnungen waren auffallend groß, die Nase wirkte plump und breit. Der mächtige Unterkiefer trug ein so weit nach vorn gerücktes Gebiss, dass zwischen dem letzten Backenzahn oder Weisheitszahn und dem aufsteigenden Ast des Unterkieferknochens eine Lücke entstand. Die Vorderzähne waren massiv und hochkronig und dienten vielleicht auch zum Festhalten von Gegenständen. Das Kinn hatte fliehende Form.

Im Gegensatz zu den heutigen Menschen (*Homo sapiens*) hatten die „klassischen Neandertaler" einen robusteren Körperbau mit sehr massiven Extremitätenknochen, die im Unterarm und Oberschenkel oft stärker als bei uns gebogen waren. Nach den Muskelmarken zu schließen, handelte es sich um sehr kräftige Menschen.
Wie Angehörige aus anderen Kulturstufen der Altsteinzeit haben sich die Neandertaler mit Vorliebe im noch vom Tageslicht erhellten Eingangsbereich der Höhlen aufgehalten. Bei ihren Streifzügen errichteten sie aber auch Behausungen im Freiland.
Zu den deutlichsten Nachweisen von Behausungen im Freiland aus dem Moustérien zählen Siedlungsspuren im Netzetal bei Edertal-Buhlen im Kreis Waldeck-Frankenberg (Nordhessen). Bei Edertal-Buhlen stieß man auf eine von größeren Steinen umstellte Fläche mit einem Durchmesser von vier Metern. In deren Innern gab es mehrere Brandstellen. Der Eingang der Behausung war zum nahen Fluss orientiert. Die Konzentration von Werkzeugabfällen im Eingangsbereich spricht für Arbeiten im helleren Teil einer überdachten Behausung, die für vier bis sechs Personen Platz bot. Die am Rand gesetzten größeren Steine gaben der Anlage festen Halt. Zur Konstruktion gehörte vermutlich ein Mittelpfosten, an den man schräg gestellte Stangen lehnen konnte. Als Dach dienten wohl Tierfelle.
Die Untersuchungen am Fundplatz Edertal-Buhlen begannen 1966, als nach Hinweisen verschiedener Heimatforscher die Wiesbadener Geologen Jens Kulick und Manfred Horn erste Schürfungen vornahmen. Dabei kamen Reste eiszeitlicher Tiere und Steinwerkzeuge zum Vorschein. Darauf führten der Kölner Prähistoriker Gerhard Bosinski, der Geologe Jens Kulick und der Mainzer Paläontologiestudent Franz Malec

von 1966 bis 1969 Ausgrabungen durch. 1980 wurden die Untersuchungen durch den Marburger Prähistoriker Lutz Fiedler fortgesetzt. Ihm und dem Studenten Klaus Hilbert glückte der Nachweis von Behausungen.

Am Fundort Edertal-Buhlen ist bei den Mammutresten das zahlenmäßige Übergewicht von Jungtieren auffällig. Vielleicht hatten die sich dort aufhaltenden Jäger wohlüberlegt statt älterer erfahrener Mammute vor allem Jungtiere von der Herde abgedrängt und getötet. Eine solche Praxis versprach leichteren Jagderfolg und war auch weniger riskant.

Die Moustérien-Leute haben auch aus Skelettteilen von Mammuten bestimmte Werkzeuge und Waffen geschaffen. Hierzu gehört vielleicht eine 1936 bei einem Schulausflug in den Rheinkiesen bei Duisburg entdeckte, von Menschenhand bearbeitete Mammutrippe. Das 55 Zentimeter lange Rippenfragment ist an einem Ende zugeschärft.

Die Stoßlanzen und Wurfspeere der Moustérien-Jäger wurden am dünneren Ende mit scharfkantigen Steinwerkzeugen zugespitzt und im Feuer gehärtet. Diese Waffen dürften gelegentlich mit Spitzen aus Stein, Knochen oder Geweih versehen worden sein. Je eine Knochenspitze, die sich als Bewehrung einer Holzlanze geeignet hätte, wurde in der Großen Grotte bei Blaubeuren sowie in der Vogelherdhöhle gefunden.

Bisher hat man in Deutschland keine sorgfältig durchgeführten Bestattungen aus dem Moustérien entdeckt. Eine Ausnahme ist der berühmte Fund aus der Kleinen Feldhofer Grotte im Neandertal. Die Prähistoriker halten es kaum für möglich, dass dieser Mann nach seinem Tode frei in der Höhle liegen blieb. Aasfresser, besonders Höhlenhyänen, hätten von dem Leichnam kaum etwas übriggelassen. Die wenigen Knochen, die zum Zerbeißen und Fressen zu groß sind, wären weit

„Neanderthal" bei Düsseldorf-Mettmann auf einer Lithographie von 1835

verschleppt worden. Daher nimmt man an, dass der Verstorbene eingegraben wurde. Die unsachgemäße Bergung des wohl noch zusammenhängenden Skelettes durch die Steinbrucharbeiter führte jedoch dazu, dass die Bestattung nicht erkannt wurde. Auch auf eventuelle Beigaben für den Toten achtete man nicht.

Etliche Bestattungen von Neandertalern in Frankreich und im Nahen Osten zeugen von der großen Achtung und Zuneigung, die man Verstorbenen entgegenbrachte. In Kontrast dazu stehen Kopfbestattungen, Schädelbecher und Anzeichen für Kannibalismus aus derselben Zeit.

Die wenigen Funde aus Deutschland, die als Zeugnisse für die religiöse Vorstellungswelt der Moustérien-Leute diskutiert werden, sind zumeist umstritten. Es hat den Anschein, als ob hierzu auch der berühmte Fund aus dem Neandertal gehören würde. Gewisse Abnutzungsspuren an dessen Schädeldach deuten darauf hin, dass dieses bewusst als Trinkschale zugerichtet wurde. Dafür spricht, dass die Bruchränder des Schädeldachs fast parallel verlaufen, wenn man es auf eine ebene Unterlage stellt. Zudem wurden die weggebrochenen Teile nicht – wie unter natürlichen Bedingungen durch die Last darüber liegender Erdschichten – von außen nach innen gedrückt, sondern von innen nach außen. Menschliche Schädel wurden zu verschiedenen Zeiten als Trinkgefäße umgestaltet. Vielleicht erhoffte man sich durch den Trunk aus einem Schädelbecher die Kraft des Feindes (oder bei Kindern deren Jugendlichkeit) in sich aufnehmen zu können.

Die bereits erwähnten Schädeldachfragmente aus der Wildscheuerhöhle und der Oberschenkelrest aus der Höhle Hohlenstein-Stadel werden von manchen Prähistorikern als Hinweise auf Kannibalismus betrachtet. Sie lagen regellos

zwischen den als Mahlzeitresten gedeuteten Tierknochen. Deshalb sieht man auch in den menschlichen Knochen Speiseabfälle. Kannibalismus wurde im Moustérien in ganz Europa praktiziert.
Der durch Funde aus Frankreich überlieferte Schädelkult der Moustérien-Leute konnte in Deutschland bisher archäologisch nicht nachgewiesen werden. In der Höhle von La Chaise im französischen Département Charente herrschten auffälligerweise Schädel und Unterkiefer vor, während Reste vom übrigen Skelett fehlten. Dagegen fand man in der Grotte von René Simhard in der Charente Skelettreste eines etwa zwölfjährigen Kindes und von zwei Kleinkindern, deren Schädel und Unterkiefer fehlten. Die menschlichen Knochen lagen zwischen den Tierknochen der Jagdbeutereste und waren ebenso wie diese aufgeschlagen worden, um in den Genuss des Marks zu kommen.
Umstritten ist der mysteriöse Bärenkult, den die Moustérien-Jäger ausgeübt haben sollen. Die Annahme, dass ein solcher Kult existiert hat, beruht auf angeblich auffällig deponierten Schädeln und Knochen von Höhlenbären in manchen Höhlen in Deutschland und in der Schweiz.
In Deutschland wird vor allem die Petershöhle bei Velden (Kreis Nürnberger Land) in Mittelfranken als Schauplatz des Bärenkults diskutiert.
Bei einer Grabung des „Rheinischen Amtes für Bodendenkmalpflege" gelang 1997 den Archäologen Ralf W. Schmitz und Jürgen Thiessen die Wiederentdeckung der Ablagerungen der Kleinen Feldhofer Grotte, des Neandertaler-Fundortes von 1856, und die der benachbarten Höhle Feldhofer Kirche. Bei der Grabung von 1997 sowie bei weiteren Grabungen 1999 und 2000 gelangen spektakuläre Funde. Zwei Meter unter der heutigen Erdoberfläche barg

man Steingeräte unterschiedlichen Alters sowie etwa 70 menschliche Knochenfragmente. Drei dieser Fragmente, darunter ein Jochbein und ein Stück des Oberschenkelknochens, ließen sich direkt an den etwa 42.000 Jahre alten Fund von 1856 aus der Kleinen Feldhofer Grotte ansetzen. Außerdem fand man Fragmente eines zweiten, bis dahin unbekannten Neandertalers und einen ausgefallenen Milchzahn eines Neandertalerkindes. Diese Funde fanden weltweit Beachtung.

Neandertaler in Wiesbaden?

Aus welchen Gründen sollten „klassische Neandertaler" zwischen etwa 125.000 und 40.000 Jahren die Gegend von Wiesbaden nie betreten haben? Da fällt einem nichts Überzeugendes ein, was die rund 85.000 Jahre lange Abwesenheit jener Urmenschen erklären könnte.

Vielleicht war unter den Hunderten von fraglichen Artefakten, die der Wiesbadener Privatsammler Otto R. Schweitzer in der hessischen Landeshauptstadt barg und zwischen 1949 und 1954 der „Sammlung Nassauischer Altertümer" schenkte, doch ein echtes Artefakt aus der Kulturstufe Moustérien dabei? Zu gönnen wäre es dem engagierten Sammler auf jeden Fall gewesen. Ein hoher Anteil von dessen Funden ähnelte Faustkeilen.

Mammutjagd zur Zeit des Aurignacien.
Zeichnung: Fritz Wendler (1941–1995)
für das Buch „Deutschland in der Steinzeit" (1991)
von Ernst Probst

Das Aurignacien

Mitten in einer Kaltzeit der norddeutschen Weichsel-Eiszeit und der süddeutschen Würm-Eiszeit erschienen in Deutschland die Angehörigen einer Kulturstufe, die nach einem französischen Fundort als Aurignacien (etwa 35.000 bis 29.000 Jahre) bezeichnet wird. Über die Dauer des Aurignacien gibt es unterschiedliche Altersangaben. Im Buch „Deutschland in der Steinzeit" (1991) von Ernst Probst war von etwa 35.000 bis 29.000 Jahren die Rede. Das Online-Lexikon „Wikipedia" dagegen erwähnt etwa 40.000 bis 31.000 Jahre.

Außer in Frankreich und Deutschland war diese Kulturstufe auch in Italien, Österreich, Tschechien und im Nahen Osten verbreitet. Vermutlich ist das Aurignacien aus dem Moustérien hervorgegangen. Der Begriff Aurignacien wurde 1869 durch den bereits erwähnten französischen Prähistoriker Gabriel de Mortillet eingeführt. Namengebender Fundort ist die Höhle von Aurignac im Département Haute Garonne.

Die Aurignacien-Leute waren in Deutschland wahrscheinlich die ersten Jetztmenschen. Im Laufe der Forschungsgeschichte hat man ihnen verschiedene Namen gegeben. Davon konnten sich die Begriffe *Homo sapiens fossilis*, *Homo aurignacensis*, *Homo aurignacensis* und *Homo grimaldicus* nicht durchsetzen. Heute rechnet man die Jäger und Sammler aus dem Aurignacien generell der Art *Homo sapiens* zu, der auch alle heute lebenden Menschen angehören. Für die Aurignacien-Leute ist daneben die Bezeichnung Cro-Magnon-Menschen gebräuchlich, die auf einem Fund in der Höhle von Cro-Magnon bei Les Eyzies-de-Tayac im Tal der Vézère (Département Dordogne) in Südwestfrankreich zurückgeht.

Aus Deutschland kennt man einige Skelettreste der Aurignacien-Leute. Dazu gehören die Funde von Brühl bei Heidelberg und aus der Vogelherdhöhle (Kreis Heidenheim) in Baden-Württemberg sowie aus der Honerthöhle (Märkischer Kreis) in Nordrhein-Westfalen. Vielleicht kann man auch die schätzungsweise zwischen 30.000 und 20.000 Jahre alten Funde aus der Ilsenhöhle bei Ranis (Saale-Orla-Kreis) in Thüringen und von Oppau (Kreis Ludwigshafen) in Rheinland-Pfalz dazurechnen.

Im Buch „Deutschland in der Steinzeit" wurden auch Schädelreste von der Insel Hahnöfer Sand bei Hamburg und aus einer Kiesgrube von Kelsterbach bei Frankfurt am Main als Funde aus dem Aurigacien erwähnt. Doch später kamen an den Altersdatierungen dieser Funde durch den Frankfurter Anthropologen Reiner Protsch starke Zweifel auf. Heute glaubt niemand mehr, dass der Schädelrest von Hahnöfer Sand bei Hamburg 36.000 Jahre und derjenige aus Kelsterbach 32.000 Jahre alt ist. Eine C-14-Datierung in Oxford ergab für den Fund von Hahnöfer Sand höchstens 7.500 Jahre. Der Schädel aus Kelsterbach verschwand aus dem Frankfurter Institutssafe.

Die Aurignacien-Leute lebten zumeist im Freiland, wo sie Zelte oder Hütten errichteten. Daneben lagerten sie aber auch in Höhlen und Halbhöhlen. Die Bevölkerungsdichte in Westdeutschland wird von manchen Autoren auf weniger als 25.000 Menschen geschätzt. Dies entspräche 0,1 bis 0,2 Personen pro Quadratkilometer und damit etwa der Bevölkerungsdichte der nordamerikanischen Indianer zu den Zeiten, bevor die Weißen kamen. Um 1990 lebten in Westdeutschland etwa 245 Menschen auf einem Quadratkilometer, in Ostdeutschland 154.

Auf der Schwäbischen Alb wurden etliche Höhlen nur zwischen dem Frühjahr und dem Herbst von Aurignacien-

Leuten besiedelt. In Hessen dienten die Wildhaushöhle und die Wildscheuerhöhle bei Steeden (Kreis Limburg-Weilburg) als Aufenthaltsorte.

Nach ihren Jagdbeuteresten zu schließen, haben sich die Auriginacien-Jäger nicht auf bestimmte Wildarten spezialisiert. Statt dessen beuteten sie in verschiedenen Teilen ihres Schweifgebietes die saisonal unterschiedlich zusammengesetzte Tierwelt aus und brachten Wildpferde, Rentiere, Mammute und Fellnashörner zur Strecke. In höhlenreichen und hochgelegenen Gebieten dürfte die mit mancherlei Risiken verbundene Jagd auf Höhlenbären betrieben worden sein.

Das Aurignacien ist die älteste Klingen-Industrie der jüngeren Altsteinzeit. Als Rohmaterial für die Werkzeuge dieser Kulturstufe wurde fast ausschließlich Feuerstein verwendet, der teilweise aus örtlichen Vorkommen, zuweilen aber aus entfernten Gebieten stammte. Durch wohlüberlegte Hiebe mit einem Schlagstein schuf man aus einer Rohknolle zunächst ein Kernstück (Nukleus). Dann wurden von diesem möglichst lange, regelmäßige Späne – nämlich die Klingen – losgetrennt. Aus solchen Klingen oder weniger regelmäßigen Abfallstücken (Abspliss) formte man durch Abdrücken oder Abschlagen von Gesteinssteilen bestimmte Werkzeugformen wie Schaber, Bohrer und Stichel. Außer Werkzeugen aus Stein fertigten die Aurignacien-Leute solche aus Tierknochen an, beispielsweise Glätter, Kerbstäbe und Pfrieme.

Die Holzlanzen und -speere wurden mit aus Tierknochen oder Mammutelfenbein geschnitzte Spitzen bewehrt. Eine besonders prächtige, aus einem Mammutknochen geschaffene, fast 40 Zentimeter lange und maximal fünfeinhalb Zentimeter breite Speerspitze kam bei Ausgrabungen in der Wildhaushöhle in Hessen zum Vorschein.

Fast 30 Zentimeter hohes,
aus Mammutelfenbein geschnitztes Mensch-Tier-Wesen
aus der Höhle Hohlenstein-Stadel in Lonetal in Baden-Württemberg.
Die Figur hat den Kopf einer Höhlenlöwin,
gespreizte Beine und Füße mit Hufen.
Foto: Dagmar Hollmann / CC-BY-SA4.0
(via Wikimedia Commons)

Die Aurignacien-Leute hatten bereits ein ausgeprägtes Bedürfnis, sich zu schmücken. Als Schmuck dienten durchlochte Schneckengehäuse, die man auf Ketten auffädelte oder auf die Kleidung nähte, durchlochte Eisfuchszähne, Elfenbeinanhänger und Perlen aus Röhrenknochen von Schneehasen.
Es ist ein merkwürdiger Zufall, dass in Deutschland bisher fast sämtliche Funde von Kunstwerken aus dem Aurignacien aus den eng benachbarten Höhlen des Achtals und des Lonetals in Baden-Württemberg zum Vorschein kamen. Dabei handelt es sich um die Geißenklösterlehöhle im Achtal sowie um die Vogelherdhöhle und die Höhle Hohlenstein-Stadel im Lonetal. In diesen drei Höhlen entdeckte man aus Mammutelfenbein geschnitzte Figuren. Unter den Kunstwerken aus der Geißenklösterlehöhle ist ein vor etwa 32.000 Jahren geschaffenes Elfenbeinplättchen mit dem Halbrelief eines Menschen bemerkswert. Mit hoch erhobenen Armen und gespreizten, hufartigen Füßen nimmt er die Körperhaltung eines Betenden oder Schamanen (Zauberer) ein. Andere Elfenbeinschnitzereien aus der Geißenklösterlehöhle stellen das Mammut, den Wisent und den Höhlenbären dar. Besonders gelungene Tierfiguren aus Elfenbein wurden vor etwa 32.000 Jahren in der Vogelherdhöhle zu unterschiedlichen Zeiten abgelegt. Sie verkörpern Mammute, ein Fellnashorn, einen Wisent, ein Wildpferd und Raubkatzen. Das geheimnisvollste Kunstwerk aus dem Aurignacien in Deutschland ist wohl ein fast 30 Zentimeter hohes, aus Elfenbein geschnitztes Mensch-Tier-Wesen aus der Höhle Hohlenstein-Stadel. Die Figur steht aufrecht, trägt den Kopf einer Höhlenlöwin, hat einen ruhig herabhängenden linken Arm (der rechte fehlt) sowie gespreizte Beine und Füße mit Hufen. In der Höhle Hohler Fels bei Schelklingen (Alb-Donau-Kreis)

Prähistoriker Carl August von Cohausen (1812–1894). Foto: Aufnahme vor 1894 (via Wikimedia Commons), Lizenz: gemeinfrei (Public domain)

grub man im September 2008 eine sechs Zentimeter große Frauenfigur aus Mammutelfenbein ohne Kopf mit „überdimensionierten Brüsten“ aus, die als älteste bekannte Menschendarstellung bejubelt wurde. Höhlenbilder aus dem Aurignacien, wie es sie in Frankreich gibt, konnten bisher in Deutschland nicht nachgewiesen werden.
Aus Höhlen im Achtal und Lonetal in Baden-Württemberg sind etliche mindestens 35.000 Jahre alte Flöten aus Vogelknochen bekannt. Fragmente einer aus dem Flügelknochen eines Singschwans geschnitzten Flöte mit drei Grifflöchern wurden 1973 in der Geißenklösterlehöhle bei Blaubeuren entdeckt und 1990 zusammengesetzt. Im Sommer 2008 fand man in der Höhle Hohler Fels bei Schelklingen eine 22 Zentimeter lange Flöte mit fünf Löchern aus dem Speichenknochen eines Gänsegeiers.

Speerspitze aus dem Aurignacien in Wiesbaden

Aus der Wiesbadener Gegend gibt es bisher keine Belege für die Anwesenheit von Jägern und Sammlern aus dem Aurignacien. Trotzdem werden in Wiesbaden etliche Funde dieser Kulturstufe aufbewahrt. Dabei handelt es sich um Hinterlassenschaften aus der Wildhaushöhle und Wildscheuerhöhle bei Steeden an der Lahn (Kreis Limburg-Weilburg), die ins „Museum Wiesbaden“ gelangten. In diesen Höhlen haben viele Ausgrabungen stattgefunden. In der Wildhaushöhle nahm bereits 1874 der Prähistoriker Carl August von Cohausen (1812–1894) aus Wiesbaden Untersuchungen vor.
Ein Prachtfund aus der Wildhaushöhle ist eine fast 40 Zentimeter lange, maximal 5,4 Zentimeter breite und 1,2 Zentimeter dicke, vermutlich aus einer Mammutrippe

geschnitzte Speerspitze vom Lautscher Typ. Jene Speerspitze wurde in dem Buch „Deutschland in der Steinzeit“ (1991) von Ernst Probst abgebildet, als sie sich noch im „Museum Wiesbaden“ befand.
In der etwa 65 Meter von der Wildhaushöhle entfernten Wildscheuerhöhle grub 1905 der Forstmeister Heinrich Behlen (1860–1945), der damals in Haiger tätig war. 1908 wurde diese Höhle durch den Tübinger Prähistoriker Richard Rudolf Schmidt (1882–1959) untersucht. Das Fundgut publizierte er 1912. Der Prähistoriker Karl Josef Narr erwähnte in seiner Dissertation von 1950 ein Bruchstück einer reich verzierten Knochenspitze aus der Wildscheuerhöhle. In der vom Abbruch bedrohten Wildscheuerhöhle grub 1953 zuletzt der Wiesbadener Archäologe Heinz-Eberhard Mandera. Er entdeckte Fragmente von Knochenartefakten, über die er 1954 berichtete. Im Fundgut der Ausgrabungen von Mandera befand sich ein 10,5 Zentimeter langes, 2,1 bis 2,8 Zentimeter breites und 0,6 bis 0,8 Zentimeter dickes Bruchstück einer Knochenspitze (Speerspitze).
Die Funde aus der Wildhaushöhle und Wildscheuerhöhle gehören zur rund 240.000 Objekte umfassenden „Sammlung Nassauischer Altertümer“ („SNA“) und waren früher im „Museum Wiesbaden“ untergebracht. Der Niedergang dieser wissenschaftlich wertvollen Sammlung begann im September 1987 mit dem neuen Direktor Dr. Volker Rattemeyer. Dieser bezeichnete die ihm anvertraute „Sammlung Nassauischer Altertümer“ als „Gerümpel“ und „Plunder“, qualifizierte sie öffentlich ab und ließ sie in den Depots verkommen. Rattemeyer behagte die seit 1825 bestehende Dreiteilung des Museums in Gemäldegalerie, naturwissenschaftliche Abteilung und „Sammlung Nassauischer Altertümer“ nicht. Er wollte mehr Platz für die Gemäldegalerie.

In einer Pressemitteilung des „Hessischen Ministeriums für Wissenschaft und Kunst“ vom 8. März 2006 hieß es: „Sammlung Nassauischer Altertümer künftig im Stadtmuseum Wiesbaden“. Der von der Stadt an der Ecke von Wilhelmstraße und Rheinstraße geplante Neubau eröffne die Möglichkeit, die zur Zeit im benachbarten Museum Wiesbaden untergebrachte Sammlung Nassauischer Altertümer neu zu präsentieren. Das Land Hessen wolle sich an den Baukosten von 15 Millionen Euro mit fünf Millionen Euro, verteilt auf die Jahre 2007 bis 2009, beteiligen. Die Landeshauptstadt Wiesbaden plane noch 2006 einen Architektenwettbewerb für ein Stadtmuseum. Eröffnet werden solle das Stadtmuseum 2008/2009. Wegen einer Sanierung des Depots des „Museums Wiesbaden“ zog die „Sammlung Nassauischer Altertümer“ im Sommer 2009 in ein Depot des geplanten „Stadtmuseums Wiesbaden“ um, das angeblich 2011 eröffnet werden sollte. Doch mangels Geld und Durchsetzungswillen legte man 2009 die Pläne für einen Neubau des Stadtmuseums aufs Eis. Ein zweiter Versuch mit Stararchitekt und hochtrabenden Plänen scheiterte 2015 kläglich.
Als Provisorium eröffnete am 11. September 2016 das „Stadtmuseum am Markt“ im historischen Marktkeller von 1900 seine Pforten. Es umfasst zwei große Bereiche: Die historische, landeskundliche „Sammlung Nassauischer Altertümer“ und die jüngere stadtgeschichtliche Sammlung, die sich besonders der Kultur- und Alltagsgeschichte Wiesbadens vom 19. bis 21. Jahrhundert widmet. Im Mai 2015 las man auf der Internetseite der „Frankfurter Rundschau“: „Manchmal regnet es in den Marktkeller herein und es bilden sich Pfützen auf dem Boden. In den Ecken wächst der Schimmel und die Vitrinen verziehen sich durch die Feuchtigkeit, so dass die Glasscheiben zu bersten drohen“.

Archäologin Dorothy Garrod (1892–1968).
Foto: Newnham College, Cambridge, um 1905
(via Wikimedia Commons),
Lizenz: gemeinfrei (Public domain)

Das Gravettien

In den Jahrtausenden vor der maximalen Ausbreitung der skandinavischen Gletscher wanderten in Deutschland Menschen ein, deren Kulturstufe als Gravettien bezeichnet wird. Das Gravettien war – laut dem Buch „Deutschland in der Steinzeit“ – vor etwa 28.000 bis 21.000 Jahren auch in Spanien, Frankreich, Italien, Belgien, Österreich, Tschechien und Russland vertreten. Es verschwand in Deutschland vor dem Höchststand der Gletscher, der etwa vor 20.000 Jahren erreicht wurde. In Osteuropa behauptete es sich dagegen als Spätgravettien weiter. Auch über die Dauer des Gravettien kursieren unterschiedliche Altersangaben. Das Online-Lexikon „Wikipedia“ beispielsweise erwähnt etwa 40.000 bis 31.000 Jahre.

Der Begriff Gravettien wurde 1938 von der englischen Archäologin Dorothy Garrod (1892–1968) in Cambridge geprägt. Namengebender Fundort ist die Halbhöhle La Gravette bei Bayac im französischen Département Dordogne.

Das Gravettien fiel in eine Kaltzeit der norddeutschen Weichsel-Eiszeit bzw. der süddeutschen Würm-Eiszeit. Damals brachen im Neuwieder Becken am Mittelrhein immer wieder Vulkane aus. An diese Naturkatastrophen erinnern noch heute vulkanische Auswurfprodukte in mehr als hundert Kilometer Entfernung, beispielsweise im Mainzer Becken. Da man das Alter der vulkanischen Aschen und Tuffe gut mit modernen Datierungsmethoden ermitteln kann, liefern diese häufig – wenn sie direkt unter Fundschichten liegen – wertvolle Anhaltspunkte für deren Einstufung.

Im Gravettien erstreckten sich im Vorfeld der Gletscher weithin baumlose Steppen. In dieser mit Gras und Kräutern be-wachsenen Landschaft weideten vor allem kältegewohnte

Mammute, Fellnashörner, Moschusochsen und Rentiere. An Raubtieren gab es Höhlenlöwen, Höhlenbären und Höhlenhyänen.
Die männlichen Gravettien-Leute erreichten teilweise bereits eine beachtliche Größe. So war beispielsweise ein Mann aus Pavlov in Tschechien 1,85 Meter groß. Die Frauen maßen selten mehr als 1,60 Meter. Komplette Skelette entdeckte man vor allem in Tschechien, wo am Fundort Predmost bei Prerov in Mähren 20 vollständige Bestattungen entdeckt wurden.
In Deutschland hat man bisher kein einziges vollständiges Skelett eines Menschen aus dem Gravettien gefunden. Im Buch „Deutschland in der Steinzeit“ (1991) von Ernst Probst wurden menschliche Schädelreste von Sande bei Paderborn in Nordrhein-Westfalen sowie von Binshof bei Speyer in Rheinland-Pfalz als Funde aus dem Gravettien erwähnt. Doch danach kamen starke Zweifel an den durch den Frankfurter Anthropologen Reiner Protsch vorgenommenen Altersdatierungen von 27.000 Jahren für den Fund aus Sande und von 22.000 Jahren für denjenigen aus Binshof auf. Die „Frankfurter Allgemeine Zeitung“ berichtete später, der Fund von Sande bei Paderborn stamme aus der Zeit um 1.750 n. Chr. und derjenige aus Binshof bei Speyer um 1.300 v. Chr.
Ein rechter oberer Backenzahn eines Menschen kam 1989 bei Ausgrabungen in der Geißenklösterlehöhle bei Blaubeuren-Weiler in einer Gravettienschicht zum Vorschein. Sollten die zwischen 20.000 und 30.000 Jahre alten Zähne aus der Sirgensteinhöhle bei Blaubeuren-Weiler in Baden-Württemberg nicht mehr ins ausgehende Aurignacien gehören, dann dürften auch sie aus dem Gravettien stammen.
Das Gravettien gilt in Deutschland nach dem Aurignacien als die zweitälteste Klingen-Industrie. Ein besonders typisches Feuersteinwerkzeug war die Gravette-Spitze, ein schmales,

lamellenartiges spitzes Gerät mit abgestumpftem Rücken. Von Neuessing (Kreis Kelheim) in Bayern kennt man eine etwa einen halben Meter lange Elfenbeinschaufel. Ähnliche Funde sind aus Dolni Vestonice und Predmost in Mähren bekannt.
Nach Jagdbeuteresten zu schließen, haben die Gravettien-Jäger vor allem Mammute, Rentiere und Wildpferde zur Strecke gebracht. Die Mammutjagd ist durch Jagdbeutereste aus den Weinberghöhlen bei Mauern in Bayern besonders eindrucksvoll belegt. Gelegentlich erlegten Gravettien-Leute auch Höhlenbären, Wölfe und Eisfüchse.
Siedlungen der Gravettien-Leute im Freiland kennt man vor allem aus dem Rheinland. Dazu gehören die Freilandstationen Mainz-Linsenberg, Sprendlingen (Kreis Mainz-Bingen), Koblenz-Metternich und Rhens (Kreis Mayen-Koblenz), die alle in Rheinland-Pfalz liegen.
Als der wichtigste dieser Gravettien-Fundorte gilt Mainz-Linsenberg oberhalb des Zahlbachtals, wo sich Rentier-Jäger aufhielten. Dort entdeckte man 1921 eine Art flacher Wanne aus festem Lehm. Der davon erhaltene Rest war 1,80 Meter lang und 0,60 Meter breit. Vielleicht handelte es sich um den Teil einer Behausung. Innerhalb von Steinsetzungen ließen sich zwei Feuerstellen mit Asche- und Knochenresten nachweisen. Die größere davon diente vermutlich zum Wärmen und wurde mit Tierknochen beheizt, auf der kleineren bereitete man Nahrung zu. Der Fundort Mainz-Linsenberg wurde vor allem durch zwei Kunstwerke aus dem Gravettien berühmt. Dabei handelt es sich um zwei, nur jeweils 3,5 Zentimeter große, fragmentarisch erhaltene Frauenfiguren aus Kalkstein, die „Venusfiguren vom Linsenberg". Vor den Ausgrabungen war man bei Kanalarbeiten unterhalb der heutigen Universitätskliniken auf Funde von Tierknochen und Feuersteinklingen gestoßen. Diese „Venusfiguren" werden im

Fragmentarisch erhaltene Frauenfigur aus Kalkstein vom Linsenberg in Mainz („Venus vom Linsenberg“). Foto: Landesmuseum Mainz

„Landesmuseum Mainz" aufbewahrt. „Venusfiguren" aus Stein, Knochen und Elfenbein waren im Gravettien vom Don bis an den Atlantik verbreitet. Die Darstellungen von Frauen mit üppigen Brüsten und manchmal dickem Bauch verkörperten womöglich die weibliche Fruchtbarkeit.

Wildpferd-Jäger an der Adlerquelle

Im Gravettien haben einige Wildpferd-Jäger am Quelltümpel der Großen Adlerquelle in Wiesbaden gelagert. Offenbar wussten diese Jäger von der Besonderheit der heute noch 67 Grad Celsius warmen Mineralquelle und schätzten sie. Bei dem damals herrschenden kühlen Klima fiel die Quelle schon bei weitem durch aufsteigende Dampffahnen auf. Man müsse sich vorstellen, dass in vorgeschichtlicher Zeit das Kleinklima um den Quellenbezirk günstig beeinflusst, der Boden in unmittelbarer Nähe der Quellen aufgewärmt und vor allem die Lufttemperatur erhöht wurde. Dies schrieb der Oberstudienrat i. R. Karl Wurm (1893–1951) in der Publikation „Aus Wiesbadens Vorzeit", die man den Teilnehmern der Jahrestagung des West- und Süddeutschen und Nordwestdeutschen Verbandes für Altertumsforschung 1972 in Wiesbaden zum Gruß überreichte. Wurm steuerte für dieses kleine Werk das 24 Seiten umfassende Eingangskapitel „Die urgeschichtliche Besiedlung im Raum Wiesbaden" bei.
Bei Bohrungen barg Franz Michels (1891–1970), der erste Direktor des „Landesamtes für Bodenforschung" in Wiesbaden, 1953 und 1954 in einer Tiefe zwischen etwa 1,40 und 1,70 Meter unter der Sohle der Großen Adlerquelle zahlreiche Artefakte aus einheimischem Kieselschiefer, feinkörnigem Quarzit und eventuell Basalt sowie aus ortsfremdem

Feuerstein, der erst in mehr als 100 Kilometer Entfernung vorkommt. Ein Schlagstein aus Quarz wies deutliche Schlagspuren auf. Die Einordnung der an dieser Fundstelle geborgenen Artefakte – wie Bohrer und Klingen – in das Gravettien erfolgte nach typologischen und technologischen Gesichtspunkten. Tierzähne, die man dort auflas, stammten vom Hirsch, Wildschwein, Wildpferd und Wildrind. Karl Wurm spekulierte, es handle sich möglicherweise um ein „Kultmahl an dieser heißen Quelle“. Es ist allerdings ungewiss, ob die Steinartefakte und die Tierzähne exakt aus der gleichen Zeit stammen. Bei vier weiteren Sondierungsbohrungen an anderen Wiesbadener Quellen entdeckte man trotz genauer Beobachtung keine weiteren Artefakte. Der Archäologe Harald Floss veröffentlichte 1991 im „Archäologischen Korrespondenzblatt“ den Artikel „Die Adlerquelle – Ein Fundplatz des Mittleren Jungpaläolithikums im Stadtgebiet von Wiesbaden.

Das Magdalénien

Auch bei der Kulturstufe Magdalénien gibt es das Problem unterschiedlicher Angaben über deren Zeitdauer. Laut dem Buch „Deutschland in der Steinzeit" (1991) dauerte das Magdalénien in Frankreich vor etwa 18.000 bis 11.500 Jahren und in Deutschland vor rund 15.000 bis 11.500 Jahren. Im Gegensatz dazu liest man heute im Online-Lexikon „Wikipedia", das Magdalénien habe in Frankreich vor etwa 20.000 bis 14.000 Jahren und in Deutschland vor ungefähr 18.000 bis 14.000 Jahren existiert.

Vor Beginn des Magdalénien in Deutschland sollen dort die Landstriche zeitweise menschenleer oder zumindest dünn besiedelt gewesen sein. Damals herrschten die Weichsel-Eiszeit in Norddeutschland und die Würm-Eiszeit in Süddeutschland. Vor etwa 20.000 bis 18.000 Jahren näherten sich die skandinavischen Gletscher im Norden und die alpinen Gletscher im Süden einander bis auf eine Distanz von rund 600 Kilometern. Sie erreichten damit innerhalb der letzten Eiszeit ihre größte Ausdehnung.

Der Begriff Magdalénien wurde 1869 von dem erwähnten französischen Prähistoriker Gabriel de Mortillet eingeführt. Benannt wurde es nach dem Abri La Madeleine gegenüber von Tursac im Département Dordogne (Frankreich). Ursprünglich hat man das Magdalénien auch das „Zeitalter der Rentiere" genannt, weil damals vor allem Rentiere erlegt wurden.

Im Laufe des Magdalénien bzw. des Spätglazials zogen sich die skandinavischen und alpinen Gletscher in Deutschland immer mehr zurück. Dabei gab es neben Phasen der Stagnation vereinzelt auch wieder kurzfristige Vorstöße. Die skandinavischen Gletscher hinterließen nach ihrem Rückzug in Norddeutschland die Endmoränen, an denen auch heute noch

das maximale Vordringen des Eises erkennbar ist. Das Nordseebecken lag etwa bis zur Doggerbank trocken. In diesem „Nordseeland" gab es Moore sowie Wälder und viele Wildtiere. Die alpinen Gletscher schufen bei ihrem Rückzug im Alpenvorland tiefe Bewegungsbahnen und Zungenbecken. Als sich diese allmählich mit Wasser füllten, entstanden der Bodensee, Ammersee, Starnberger See, Kochelsee, Tegernsee, Schliersee, Simssee, Waginger See und Tachinger See.
Vor etwa 15.000 Jahren drangen langsam schwimmende Glattwale im Rhein bis in die Kölner Gegend vor. In den Tundren traten Wildpferde und Rentiere in großen Herden auf. Außerdem gab es noch Mammute, Fellnashörner und als Besonderheit Saiga-Antilopen, die mit ihrer eigenartig gekrümmten Nase gut Sandstürmen trotzen konnten. Zur Tierwelt in einer Warmphase vor etwa 13.000 bis 12.000 Jahren gehörten unter anderem Wölfe, Wisente, Auerochsen, Wildpferde, Rentiere, Hirsche und Schneehühner. Vielleicht kamen in dieser Zeit im Mittelrhein sogar noch Robben vor. Zumindest wurden diese Tiere von Magdalénien-Leuten in Gönnersdorf (Kreis Neuwied) in Rheinland-Pfalz dargestellt. Robben könnte man aber auch bei Jagdausflügen weit nach Norden gesehen und sie nachher zur Erinnerung verewigt haben. Mammute und Fellnashörner waren fast ausgestorben.
Als das Buch „Deutschland in der Steinzeit" (1991) von Ernst Probst erschien, datierte man die Doppelbestattung eines alten Mannes und einer jungen Frau am Stingenberg von Oberkassel bei Bonn ins Magdalénien. Heute werden diese beiden vollständig erhaltenen Skelette zu den Federmesser-Gruppen gerechnet. Etliche komplette Skelette von Menschen aus dem Magdalénien kennt man von Chancelade, La Madeleine, Laugerie-Basse, Rochereil und Saint-Germain-la-Rivière in Frankreich. Aus der Zeit des Magdalénien stammen auch

menschliche Skelettreste aus Bayern (Mittlere Klause bei Essing), Baden-Württemberg (Petersfels, Brillenhöhle, Gnirshöhle) und Thüringen (Urdhöhle, Kniegrotte).

Im Magdalénien war Deutschland – nach den zahlreichen Funden in Höhlen und im Freiland zu schließen – viel dichter besiedelt als in den vorhergehenden Kulturstufen. Siedlungsspuren in Höhlen und im Freiland kennt man aus Baden-Württemberg, Bayern, Rheinland-Pfalz, Hessen, Nordrhein-Westfalen, dem südlichen Niedersachsen und Thüringen. Allein in Baden-Württemberg gibt es Dutzende von Höhlen, in denen sich Magdalénien-Leute kurz- oder langfristig aufgehalten haben. Im nördlichen Niedersachsen und in Schleswig-Holstein lebten etwa zur selben Zeit die Angehörigen der „Hamburger Kultur".

Zu den bekanntesten Freilandsiedlungen aus dem Magdalénien in Deutschland gehört die von Gönnersdorf (Kreis Neuwied) im Mittelrheingebiet. Dort entdeckte man bei Ausgrabungen die Grundrisse von insgesamt sieben Behausungen. Drei davon waren Pfostenbauten mit einem Durchmesser von 6 bis 8 Metern. Außerdem gab es drei kleinere Stangenzelte mit einem Durchmesser von 2,50 Metern und ein großes Stangenzelt mit etwa 5 Meter Durchmesser. Man weiß aber nicht, ob alle Behausungen zu gleicher Zeit errichtet und bewohnt waren. Die großen Pfostenbauten von Gönnersdorf dienten vermutlich als Basislager für eine längere Jagdsaison. Nachts oder an trüben Tagen wurden die Behausungen von Gönnersdorf mit Steinlampen beleuchtet. Diese bestanden aus einer dicken Schieferplatte, die in der Mitte ausgehöhlt wurde. In diese Vertiefung füllte man Fett, legt einen Docht hinein und zündete ihn bei Bedarf an.

Vermutlich haben die Gönnersdorfer Magdalénien-Leute zahlreiche Gegenstände und vielleicht auch sich selbst nach

Jagd auf Rentiere in Süddeutschland zur Zeit des Magdalénien.
Bild: Gemälde von Fritz Wendler (1941–1995)
für das Buch „Deutschland in der Steinzeit" (1991) von Ernst Probst

Art der Indianer bemalt. Dies schließt man aus den unter größeren Steinen und in Gruben reichlich vorhandenen roten Farbspuren. Sie stammen von dem Eisenoxyd Hämatit. Sobald man dieses auf einem Stein reibt, entsteht rotes Pulver, aus dem man durch Verrühren mit Wasser oder Fett eine intensiv rot färbende Paste herstellen kann.

Die Magdalénien-Leute erlegten vor allem Rentiere und Wildpferde, die in den damaligen Graslandschaften in großen Herden vorkamen. Dabei setzten sie die Speerschleuder und die Harpune ein. Mit der Speersschleuder konnte man Geschosse mit großer Durchschlagskraft auf Beutetiere lenken. Allein an einer Engstelle im Brudertal bei Engen-Bittelbrunn (Kreis Konstanz) unweit der Höhle Petersfels in Baden-Württemberg hat man in verschiedenen Schichten die Skelettreste von mindestens 1.300 erlegten Rentieren entdeckt. Der Tübinger Prähistoriker Gerd Albrecht schätzt, dass diese Tiere bei ungefähr 25 bis 40 Jagdunternehmungen erbeutet wurden, bei denen jeweils bis zu maximal 50 Rentiere zur Strecke gebracht worden sind. Besonders wichtig dürfte die Rentierjagd im September und Oktober gewesen sein, weil man sich dabei mit Fleischvorräten für den bevorstehenden Winter versorgen musste. Wahrscheinlich hat man einen Teil der Beute für die schlechte Jahreszeit konserviert.

Aus Knochen und Geweih von Rentieren schufen die Menschen des Magdalénien verschiedene Werkzeuge, Waffen und Kleinkunstwerke. Auf letzteren wurden manchmal – wie Funde aus der Petersfelshöhle zeigen – auch Rentiere dargestellt. Mit Rentierfellen deckte man Hütten- und Zeltdächer und damit wurde auch der Boden der Behausungen ausgelegt. Sie dienten zudem als Decken und wurden zu Mützen, Jacken, Hosen, Schuhen, Riemen und vielleicht auch zu Taschen und Beuteln verarbeitet. Aus dem Sehnen ließen sich Fäden gewinnen, mit denen man Tierhäute zusammennähen konnte. Rentierfett wurde als Brennstoff für Steinlampen geschätzt. Manche Magdalénien-Jäger töteten Wolfseltern, zogen deren Junge auf und gingen vielleicht mit diesen Vorläufern des Haushundes schon auf die Pirsch. Die ältesten Nachweise von Haushunden stammen aus der Zeit vor etwa 13.000 Jahren. Dazu gehören Skelettreste aus der Kniegrotte bei Döbritz und aus der Gnirshöhle bei Engen-Bittelbrunn.

Wie in Spanien und Frankreich wurden auch in Deutschland viel mehr Kunstwerke aus dem Magdalénien entdeckt als aus den vorhergehenden Kulturstufen der jüngeren Altsteinzeit. Und dies, obwohl man hier im Gegensatz zu Westeuropa noch keine einzige Höhlenmalerei nachweisen konnte. Dafür entdeckte man kleinformatige Gravierungen auf Steinplatten, Geröllen, Tierknochen, Geweih, fossilem Holz und Mammutelfenbein sowie Schnitzereien aus denselben Materialien. Diese Kunstwerke zeigen Tiere, Menschen (fast nur Frauen) und rätselhafte Zeichen.

Die meisten Gravierungen auf Steinplatten wurden in der Freilandsiedlung Gönnersdorf in Rheinland-Pfalz gefunden. Dort haben die einstigen Bewohner etwa 200 Darstellungen von Tieren und etwa 400 von Frauen in grauschwarzen Schieferplatten eingraviert, die in den Behausungen als Fußboden dienten. Man trat also die Kunst buchstäblich mit Füßen. Das auf manchen dieser Platten zu beobachtende Liniengewirr kann vielleicht damit erklärt werden, dass die Platten mehrfach mit einer Farbschicht überzogen und dann erst graviert wurden, wodurch es zu Überschneidungen kam. In Gönnersdorf diente wahrscheinlich das reichlich vorhandene Hämatit dazu, die Platten mit roter Farbe zu überziehen.

Unter den Darstellungen von Tieren überwiegen in Gönnersdorf vor allem Wildpferde (74 Motive) und Mammute

Nachbildung einer Gravierung von Gönnersdorf.
Foto: José-Manuel Benito / Locutus Borg
(via Wikimedia Commons), Lizenz: gemeinfrei (Public domain)

(61 Motive). Wesentlich seltener wurden Fellnashörner und Hirsche abgebildet. Nur je einmal sind Elch (oder Saiga-Antilope), Auerochse, Wisent, Wolf und Höhlenlöwe (ohne Kopf) dargestellt. Andere Motive zeigen Fische, Vögel (Wasservögel), Schneehuhn, Kolkrabe und Robben. All diese Tiergravierungen wirken sehr realistisch. Die größte von ihnen ist ein 50 Zentimeter erreichendes Wildpferd.

Die Frauendarstellungen von Gönnersdorf wurden stets nach einem einheitlichen Schema gestaltet. Sie sind in strenger Profilansicht mit nur einem Arm und einer Brust sowie mit auffällig betontem Gesäß abgebildet. Der Kopf ist niemals zu sehen. Auch die Füße fehlen fast immer. Die jungen Mädchen oder Frauen befinden sich in der Halbhocke oder sogar im Sprung. Nicht selten sind die Frauenfiguren hintereinander aufgereiht. Oder man kann zwei einander zugewandte Frauen erkennen. Es gibt bisher keine Erklärung dafür, weshalb man in Gönnersdorf so viele Frauen – und fast keine Männer – in die Schieferplatten eingravierte. Um Männer scheint es sich lediglich bei einigen Gestalten mit behaarten Beinen zu handeln. Vielleicht sollen auch einige fratzenartige Gesichter mit großen Augen und vorspringender Mund- und Nasenpartie Männer sein. Solche fratzenhaften Gesichter entdeckte man außerhalb Deutschlands auch in Frankreich und Spanien.

Die Magdalénien-Leute haben ihre Toten in gestreckter Rückenlage, als Hocker mit zum Körper hin angezogenen Beinen oder in Form von Schädelbestattungen in Höhlen oder im Freiland beigesetzt. Manchmal zeigen die Bestattungen aus dieser Zeit, dass sie äußerst liebevoll vorgenommen wurden. Mitunter spiegeln sie aber auch archaische Bräuche wider. Bei den Kopfbestattungen ging es vermutlich darum, den wichtigsten Teil des Verstorbenen zu erhalten. Vielleicht gedachte man bei bestimmten Anlässen in Höhlen mit

Kopfbestattungen der Verstorbenen. Auch der uns heute so grauenhaft erscheinende Kannibalismus war womöglich nur Ausdruck des Bestrebens, einen vertrauten Menschen in sich aufzunehmen oder sich besonderer Fähigkeiten zu bemächtigen.

Eiszeit-Jäger in Igstadt

Irgendwann in der Zeit vor mindestens 17.000 Jahren haben Eiszeit-Jäger im Wäschbachtal, Flur „Am Grund“, in Wiesbaden-Igstadt gelagert. Neun 14C-Datierungen und zwei TL-Datierungen in Oxford ergaben ein Alter zwischen 19.000 und 17.000 Jahren. Demnach könnten die Funde von Wiesbaden-Igstadt aus dem Solutréen, Badégoulien oder Epigravettien stammen. Bis dahin hatte man geglaubt, das Rheinland sei in der Zeit um das Kältemaximum der letzten Eiszeit eine nicht oder sehr schwach besiedelte „Kältewüste“ gewesen.
Die Freilandstation Wiesbaden-Igstadt wurde von dem Hobby-Archäologen Albert Kratz aus Wiesbaden entdeckt, der seit 1985 planmäßig die Fluren entlang des Wäschbachtales begeht. Im Oktober 1991 erfolgte die erste dreiwöchige Sondage. Danach nahm der Prähistoriker Thomas Terberger im Sommer 1992 und im Sommer 1995 Grabungen vor. Die Verbreitung der Steinartefakte auf einer Fläche von mehr als 60 Quadratmetern lässt auf drei Fundkonzentrationen schließen. Zwei davon lagen um eindeutige Feuerstellen, die man wegen angebrannter Knochen und der Knochenkohle erkannte.
Zum Fundgut von Wiesbaden-Igstadt gehören insgesamt 2.691 Steinartefakte mit einem Gesamtgewicht von 6.685 Gramm. Mehr als 99 Prozent davon wurden aus Chalzedon hergestellt, das im Umkreis von maximal 20 Kilometern beschafft werden

konnte. Tertiärquarzit, Hornstein und ein unbestimmter Silex könnten aus größerer Entfernung stammen. Ein Abschlag aus Opal ist mit Material aus dem Siebengebirge vergleichbar. Neben Steinartefakten hat man auch Knochen, Hämatitreste und Muschelschalen (darunter ein Depot) geborgen.

Der Prähistoriker Professor Thomas Terberger und der Geologe Dr. Michael Weidenfeller veröffentlichten 2012 das Werk „Eiszeitjäger in der Landeshauptstadt. Führungsheft zur jungpaläolithischen Fundstelle Wiesbaden-Igstadt und ihren Naturraum“. Das von „hessenARCHÄOLOGIE“ herausgegebene Führungsheft erschien innerhalb der Reihe „Archäologische Denkmäler in Hessen“.

Ab 2001 suchte der Kostheimer Wissenschaftsautor Ernst Probst bei Radtouren zwischen seinem Wohnort und dem Nachbarort Hochheim einige Äcker nach vorgeschichtlichen Funden ab. Auf einem abgeernteten Feld entdeckte er drei Gerölle, die seine besondere Aufmerksamkeit erregten. Auf diesen Steinen glaubte er rostbraune Ritzzeichnungen mit Motiven aus dem Magdalénien zu erkennen, wie sie aus Gönnersdorf (Kreis Neuwied) bekannt waren. Ein etwa 12 Zentimeter langes Geröll beispielsweise schien eine stilisierte Frau ohne Kopf, einen kleinen Vogel, einen größeren Vogelkopf sowie den Kopf eines großen Säugetieres zu zeigen. Auch auf den anderen Geröllen waren rostbraune Gebilde zu sehen, die man mit viel Phantasie als von Menschenhand erzeugt deuten konnte. Auf eine Anfrage des Entdeckers beim Koblenzer Steinzeit-Experten Axel von Berg kam schnell eine enttäuschende Antwort. Die vermeintlichen rostbraunen Ritzzeichnungen waren durch landwirtschaftliche Geräte erzeugt worden und nicht durch einen altsteinzeitlichen Künstler.

Seiten 116 und 117: Fehlgedeutetes Geröll zwischen Kostheim und Hochheim. Die vermeintlichen Ritzungen aus dem Magdalénien wurden durch landwirtschaftliche Geräte erzeugt.
Fotos: Ernst Probst, Mainz-Kostheim

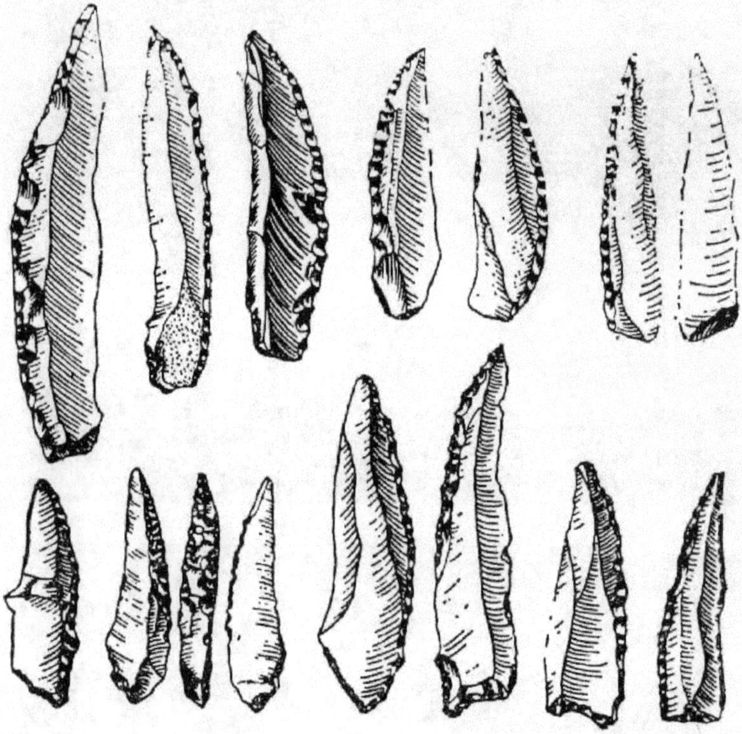

Ausschnitt einer Zeichnung, die auch Federmesser aus dem Spätpaläolithikum zeigt, aus dem Werk „Der Neanderthaler-Fund" (1888) von Hermann Schaaffhausen (1816–1893)

Die Federmesser-Gruppen

Vor etwa 14.000 bis 12.800 Jahren traten in Deutschland, Holland und Belgien die nach einem typischen Waffenteil bezeichneten Federmesser-Gruppen auf. Sie werden dem Spätpaläolithikum bzw. dem Spätmagdalénien zugerechnet. Laut dem Buch „Deutschland in der Steinzeit" (1991) von Ernst Probst behaupteten sich die Federmesser-Gruppen vor ungefähr 12.000 bis 10.800 Jahren, was inzwischen als überholt gilt.

Als Federmesser bezeichnete 1912 der Tübinger Prähistoriker Richard Rudolf Schmidt (1882–1950) ein aus Feuerstein hergestelltes kleines Messer mit bogenförmiger Rundbearbeitung. Der Name beruht darauf, dass diese Messer den Federmessern ähneln, mit denen man in früheren Zeiten die Schreibfedern spitzte. Den Begriff Federmesser-Gruppen hat 1954 der damals in Kiel lehrende Prähistoriker Hermann Schwabedissen in die Fachliteratur eingeführt.

Auch während des Auftretens der Federmesser-Gruppen wechselte mehrfach das Klima. Die Klimaverschlechterung der älteren Dryaszeit (auch ältere Subarktische Zeit oder ältere Parktundrenzeit genannt) vor etwa 12.000 bis 11.700 Jahren beispielsweise führte dazu, dass sich statt Wäldern baumarme parkartige Tundren ausbreiteten. Ein typisches Gewächs dieser Kaltzeit war die weißblühende Silberwurz (*Dryas octopetala*). Sie gilt als charakteristische Pflanze subpolarer Tundrengebiete und der Hochgebirgsregion.

Zur damaligen Tierwelt gehörten unter anderem Wildpferd, Rentier, Steinbock und Rothirsch. Ein gut erhaltener rechter Unterkieferast von Oberkassel bei Bonn deutet darauf hin, dass die Federmesser-Leute bereits Hunde als Haustiere hielten, von denen sie vielleicht bei der Jagd begleitet wurden.

Doppelbestattung eines alten Mannes und einer jungen Frau von Oberkassel bei Bonn.
Zeichnung: Fritz Wendler (1941–1995)
für das Buch „Deutschland in der Steinzeit“ (1991)
von Ernst Probst

Mammut, Fellnashorn, Höhlenlöwe, Höhlenhyäne und Höhlenbär waren damals bereits aus Deutschland verschwunden.

Während der darauffolgenden Klimaverbesserung des Alleröd-Interstadials (auch mittlere Subarktische Zeit oder Birken-Kiefernwald-Zeit) vor etwa 11.700 bis 10.700 Jahren und somit nach den Federmesser-Gruppen breiteten sich mit zunehmender Erwärmung zunächst Birken- und später Kiefernwälder aus.

Bei einer Vulkankatastrophe im Gebiet des Laacher Sees in der Eifel (Rheinland-Pfalz) sind vor etwa 11.000 Jahren im Neuwieder Becken am Mittelrhein weithin Wälder aus dem Alleröd unter Auswurfmassen begraben worden. So entstand eine unvergleichliche Momentaufnahme der Pflanzenwelt aus dieser Zeit. Vor diesem Vulkanausbruch wuchsen – nach den Funden unter der mehrere Meter mächtigen Bimsschicht zu schließen – im Neuwieder Becken unter anderem Birken, Kiefern, Taubenkirschen, Weiden und Pappeln. Diese Bäume sind aufrecht stehend durch den auf sie fallenden Bims verschüttet worden. Die Pappeln von der Fundstelle Miesenheim II (Kreis Mayen-Koblenz) im Nettetal hatten bis zu 70 Zentimeter dicke Stämme. In Thür bei Mayen fand man einen Birkenstamm, an dem ein Mensch mit einem Steinwerkzeug – vielleicht bei der Gewinnung von Rinde – zwei Kerben geschlagen hatte.

Als Opfer der Vulkankatastrophe im Gebiet des Laacher Sees gelten menschliche Skelettreste aus Weißenthurm bei Koblenz und von der Rauschersmühle bei Plaidt (beide Kreis Mayen-Koblenz). In Weißenthurm stießen Arbeiter 1922 unter einer sieben Meter mächtigen Bimsschicht auf menschliche Skelettreste. Sie schenkten diesen jedoch keine Beachtung und zerstörten sie teilweise. Später gingen die Skelettreste von Weißenthurm und von der Rauschersmühle verloren.

Am Stingenberg von Oberkassel bei Bonn entdeckten am 18. Februar 1914 zwei Steinbrucharbeiter die Doppelbestattung eines alten Mannes und einer jungen Frau. Der ca. 1,60 Meter große Mann dürfte im Alter von 50 bis 60 Jahren gestorben sein. Die neben ihm liegende, etwa 1,55 Meter große Frau ist nicht viel älter als 20 oder 25 Jahre geworden. Lange Zeit datierte man diese Doppelbestattung ins Magdalénien. Heute gilt sie als eine Bestattung der Federmesser-Leute.

Steppenflora im „Mainzer Sand"

Gräser, Kräuter und Blumen, wie sie im Alleröd-Interstadial vor ungefähr 11.000 Jahren gediehen, findet man heute noch im Naturschutzgebiet „Mainzer Sand" zwischen den Mainzer Stadtteilen Mombach und Gonsenheim sowie zwischen Eberstadt und Bickenbach bei Darmstadt. Auf dem welligen Dünengelände des „Mainzer Sandes" mit Flugsanden aus der Würm-Eiszeit kann man nur wenige Kilometer von Wiesbaden entfernt im Frühling die dunkel-violett blühende Gemeine Küchenschelle (*Pulsatilla vulgaris*) und die sehr selten gewordene Violette Schwarzwurzel (*Scorzonera purpurea*) mit hellvioletten Schaublüten beobachten. Außerdem blüht dort das Frühlings-Adonisröschen, (*Adonis vernalis*), das gelbe Farbtupfer setzt. Eine Rarität in der Steppenflora des „Mainzer Sandes" ist die Sand-Lotwurz (*Onosma arenarium*).
Gar nicht weit von Wiesbaden entfernt entdeckte man 1989 in Rüsselsheim am Hang eines flachen Sandrückens den ovalen Grundriss eines Zeltes aus der Zeit der Federmesser-Gruppen. Im jenem Zelt hatte einst ein Feuer gebrannt, in dem zeitweise Gerölle erhitzt wurden, die man ins Kochgruben warf, um eine Suppe zum Sieden zu bringen. So funktionierten „Tauchsieder der Steinzeit".

Das Spätpaläolithikum

Die letzten anderthalbtausend Jahre der jüngeren Altsteinzeit in Süddeutschland vor etwa 11.500 bis 10.000 Jahren werden als Spätpaläolithikum oder späte Altsteinzeit bezeichnet. Im Gegensatz zum vorhergehenden Magdalénien gilt das süddeutsche Spätpaläolithikum nicht als eine eigene Kulturstufe. Damit wird lediglich die Übergangzeit zwischen der späteiszeitlichen jüngeren Altsteinzeit und der nacheiszeitlichen Mittelsteinzeit bezeichnet. Den Begriff Spätpaläolithikum hat 1970 der Prähistoriker Slavomil Vencl aus Prag geprägt.

Geologe Otto Martin Torell (1828–1900).
Foto: Alexandre Quinet (1836–nach 1895)

Die Mittelsteinzeit

Die Mittelsteinzeit kennzeichnet den Übergang zwischen Alt- und Jungsteinzeit. Sie beginnt nach allgemeiner Übereinkunft der Wissenschaftler vor etwa 10.000 Jahren, also um 8.000 v. Chr. Geologisch wird ihr Anfang mit dem Beginn der Nacheiszeit (Holozän) definiert. Kulturell sind die meisten Entwicklungen jedoch bereits im Alleröd-Interstadial (vor etwa 11.700 bis 10.700 Jahren) ausgebildet.
Die Mittelsteinzeit endete jeweils regional verschieden mit dem Beginn von Ackerbau, Viehzucht und Töpferei bei den letzten mittelsteinzeitlichen Jägern, Fischern und Sammlern. Das war in Mitteleuropa frühestens um etwa 5.000 v. Chr. der Fall. Mittel- und Jungsteinzeit haben sich in der Übergangsphase überlappt. Mittelsteinzeitliche „Kulturen" gab es vor allem in Europa.
Den Namen Mittelsteinzeit (Mesolithikum) hat 1874 der schwedische Geologe und Polarforscher Otto Martin Torell (1828–1900) aus Stockholm erstmals vorgeschlagen. Dieser Begriff setzte sich allmählich durch. Daneben ist vor allem im romanischen Sprachgebrauch die Bezeichnung Epipaläolithikum (Nachpaläolithikum) gebräuchlich.
In Deutschland wird die Mittelsteinzeit häufig in zwei oder drei Abschnitte gegliedert. So spricht man in Hessen, Nordrhein-Westfalen, Niedersachsen und in Ostdeutschland von der älteren Mittelsteinzeit (Altmesolithikum) und von der jüngeren Mittelsteinzeit (Jungmesolithikum). In Baden-Württemberg, Bayern und Rheinland-Pfalz teilt man das Mesolithikum in die früheste Mittelsteinzeit (Frühestmesolithikum), die frühe Mittelsteinzeit (Frühmesolithikum oder Beuronien) und die späte Mittelsteinzeit (Spätmesolithikum) auf.

Die Kulturstufen bzw. Gruppen der Mittelsteinzeit haben ihren Namen meist von Fundorten mit typischen Inventaren von Werkzeugen erhalten. Wie zuvor in der Altsteinzeit handelt es sich auch in der Mittelsteinzeit in der Hauptsache um Technokomplexe und nicht um umfassend bekannte „Kulturen". Deswegen werden Begriffe wie „Maglemose-Kultur" usw. in Anführung gesetzt. Aus Frankreich sowie in der Süd- und Südwestschweiz kennt man das Sauveterrien, aus der Nordschweiz und Süddeutschland das bereits erwähnte Beuronien. In Ostengland, Dänemark, Südschweden, Norddeutschland und im nördlichen Ostdeutschland war die „Maglemose-Kultur" verbreitet. In norwegischen Küstengebieten existierte die „Fosna-Kultur", die auch „Komsa-Kultur" genannt wird. An der spanischen Küste gab es das Asturien und in Portugal die Mugem-Gruppe. In Palästina war das Natufien heimisch, das den bruchlosen Übergang zwischen später Altsteinzeit und früher Jungsteinzeit repräsentiert.
Vom Beginn der Mittelsteinzeit um 8.000 v. Chr. am Ende des Eiszeitalters bis etwa 7.000 v. Chr. herrschte in Mitteleuropa ein kühl-kontinentales Klima, das jedoch im Vergleich zur letzten Eiszeit viel milder war. Diese Zeitspanne wird Präboreal oder Vorwärmezeit genannt. Während des Präboreals betrug die mittlere Julitemperatur in Mitteleuropa etwa 8 bis 12 Grad Celsius, heute liegt sie in den meisten Ländern Mitteleuropas bei ungefähr 17 bis 18 Grad Celsius.
Zu Beginn der Mittelsteinzeit hatten sich die Gletscher in Skandinavien und in den Alpen bereits weit zurückgezogen. Nach 7.500 v. Chr. waren die skandinavischen Gletscher schon etwa 800 Kilometer von der deutschen Ostseeküste entfernt und nur noch auf Teilbereiche Norwegens, Schweden und Finnlands, mit einem Zentrum im Nordteil des Bottnischen Meerbusens, beschränkt.

Die Küste der Nordsee befand sich im Präboreal viel weiter nördlich als heute. Zwischen Südengland und Jütland erstreckte sich – wie während der letzten Kaltzeit – ein schmales Festlandsband. Hier lebte ein Teil der Angehörigen der „Maglemose-Kultur", die durch vielfach von den Fischern in ihren Netzen hochgezogene Funde anschaulich belegt wird.
Im Gebiet der heutigen Ostsee wurde seit dem ausgehenden Eiszeitalter durch das Schmelzwasser der tauenden skandinavischen Gletscher das Baltische Becken mit Süßwasser gefüllt. In diesem Becken erstreckte sich einige Jahrhunderte lang der Baltische Eisstausee als Vorläufer der Ostsee., der später einen Abfluss zur Nordsee erzwang.
Etwa ab 7700 v. Chr. wurde die Verbindung zwischen der Nordsee und dem Baltischen Becken noch größer. Dies hatte zur Folge, dass Meerwasser in das Baltische Becken eindringen konnte. Wegen der von da ab häufig darin vorkommenden Salzwassermuschel *Yoldia arctica* (heute *Portlandia*) spricht man vom Yoldia-Meer. Die Küstenlinie des noch sehr kalten Yoldia-Meeres lag in Mittelschweden und Südfinnland. Die jetzigen Ostseeinseln Bornholm, Wolin, Usedom und Rügen bildeten zusammen mit Mecklenburg, Jütland, den dänischen Inseln und Südschweden eine große Landmasse. Ungefähr tausend Jahre später existierten nur noch zwei Eisschilde in Nord-schweden und in Südnorwegen. Durch die Entlastung vom Eis hoben sich Skandinavien und mit ihm der Untergrund des Baltischen Beckens, das immer mehr seine Verbindung mit der Nordsee verlor. Im Präboreal beherrschten reichlich mit Kiefern durchsetzte Birkenwälder das Landschaftsbild. Daher nennt man diesen Abschnitt auch Birken-Kiefernwald-Zeit. In den weit verbreiten Laubwäldern lebten vor allem Waldtiere. Besonders zahlreich waren Rothirsche und Rehe. Daneben gab es unter anderem Auerochsen, Waldwisente,

Wildschweine, Hasen, Braunbären, Wölfe, Füchse, Wildkatzen, Dachse und Baummarder. Im Flachland mit seinen Feuchtgebieten waren besonders Elche verbreitet. Auch einige Reliktformen der letzten Eiszeit – wie nordische Wühlmäuse, Birkenmäuse und Hamster – kamen gebietsweise noch vor. In Griechenland konnten sich sogar Nachfahren der eiszeitlichen Höhlenlöwen weiter behaupten.
In den damaligen Gewässern schwammen Äschen, Döbel, Hechte, Forellen, Rutten, Weißfische, Frauenfische, Huchen und Lachse, außerdem Sumpfschildkröten, Biber und Fischotter. Zur Vogelwelt gehörten Auerhähne, Seeadler, Wildgänse, Wildenten, Reiher, Schwäne, Kraniche, Blässhühner und Säger.
Im folgenden Abschnitt von etwa 7.000 bis 5.800 v. Chr. wurde das Klima wärmer und trockener. Diese Zeitspanne bezeichnet man als Boreal oder frühe Wärmezeit. Damals herrschte in Mitteleuropa bereits eine mittlere Julitemperatur von etwa 12 bis 16 Grad Celsius. Es war also fast so warm wie heute.
Nach 7.000 v. Chr. stieß die Nordsee immer mehr nach Süden vor. Dadurch gingen die ehemaligen Landverbindungen zwischen Holland, Belgien und Frankreich zu England verloren. Der Ärmelkanal war aber noch bedeutend schmäler als jetzt. Die gegenwärtig von der Nordsee bedeckte Doggerbank hatte die Gestalt einer aus dem Wasser ragenden Insel. Der Vorläufer der heutigen Ostsee erreichte um 6.000 v. Chr. das Stadium eines Binnensees. Er wird nach der häufig darin vertretenen Süßwassermuschel *Ancylus fluviatilis* als Ancylus-See bezeichnet. Das Übergewicht des Süßwassers bewirkten die sehr wasserreichen Flüsse aus dem Baltikum, die in die Ancylus-See mündeten. Gegen Ende des Boreals existierten nur noch spärliche inselartige Reste der einst riesigen skandi-

navischen Gletschereismasse. Im Südwestteil des Ostseegebietes senkte sich zur gleichen Zeit das Land spürbar und wurde überflutet. Kattegat und Skagerrak wurden breiter.
Die Haselnuss, damals ein wichtiger Nahrungslieferant des Menschen, die schon im Präboreal vorkam, breitete sich im Boreal massenhaft aus. Außerdem gedieh häufig die Wassernuss (*Trapa natans*). Unter den Laubbäumen gab es vor allem Eichen, Eschen und Ulmen.
Bewohner der damaligen Laubwälder waren weiterhin Braunbären, Füchse, Auerochsen, Rothirsche, Rehe und Hasen. Die Voralpen und vielleicht auch der Schwarzwald und die Vogesen waren das Revier von Gämsen und Steinböcken.
Im letzten Abschnitt der Mittelsteinzeit von etwa 5.800 bis 5.000 v. Chr. – in Teilen Norddeutschlands noch etliche Jahrhunderte länger – herrschte in Mitteleuropa ein feuchtwarmes, vom atlantischen Wettergeschehen geprägtes Klima. Diese Zeitspanne heißt Atlantikum oder mittlere Wärmezeit und dauerte bis etwa 3.800 v. Chr. Davon entsprach ein Teil noch der Mittelsteinzeit, der Rest bereits der Jungsteinzeit.
Im Atlantikum lag die Durchschnittstemperatur im Juli bei etwa 18 Grad Celsius. Es war also ähnlich warm wie heute. Deshalb konnten sich Mischwälder mit Eichen, Ahorn, Eschen, Linden und Ulmen ausbreiten. Besonders auf nährstoffreichen Lehm- und Lössböden waren diese „Eichenmischwälder" allerdings ganz anders zusammengesetzt als heute. Eichen kamen darin vergleichsweise selten vor. Dagegen verdunkelten zunehmend zahllose Linden unter ihrem geschlossenen Laubdach den Waldboden und verdrängten lichtliebende Gehölze wie die Haselnuss immer mehr. Die Tierwelt gleich derjenigen aus dem vorhergehenden Boreal.
Um 5.000 v. Chr. kam es zu einer erneuten Verbindung des Baltischen Beckens mit der Nordsee, wobei die Landver-

Jäger, Fischer und Sammler der Mittelsteinzeit.
Bild: Gemälde von Fritz Wendler (1941–1995)
für das Buch „Deutschland in der Steinzeit" (1991) von Ernst Probst

bindungen zwischen Jütland, den dänischen Inseln und Südschweden zerrissen wurden. Es bildete sich das nach der Strandschnecke *Litorina litorea* benannte Litorina-Meer. Später verengte sich die Verbindung zur Nordsee wieder. Um ungefähr 4.000 v. Chr., also bereits in der Jungsteinzeit, entstand allmählich das heute gewohnte Bild des Ostseeraums.
Die Menschen des Mesolithikums waren klein bis höchstens mittelgroß. Sie erreichten selten eine Körpergröße, die über 1,70 Meter lag. Die Gesichtsskelette wurden von der Mittelsteinzeit bis zur frühen Jungsteinzeit immer schmaler und höher. Auf ostspanischen Felsbildern sind die Gesichter der Männer stets bartlos dargestellt.
Wie ihre Vorgänger in der Altsteinzeit waren die Menschen der Mittelsteinzeit weiterhin Nomaden. Im Unterschied zu ihren Vorgängern errichteten sie aber in manchen Fällen bereits relativ große Siedlungen mit etlichen Hütten oder Zelten, in denen sie oft monatelang wohnten. In solchen großen Siedlungen dürften gelegentlich bis zu hundert Männer, Frauen und Kinder gelebt haben. Wie Funde zeigen, wurden aber auch Höhlen und Plätze unter Felsdächern (Abri) aufgesucht. An die Felswände solcher natürlichen Unterschlüpfe lehnte man zuweilen hütten- oder windschirmartige Behausungen. Im Sommer kampierte man unter freiem Himmel.
Die mittelsteinzeitlichen Jäger stellten größerem Standwild wie Rothirschen, Rehen und Auerochsen mit Wurfspeeren sowie Pfeil und Bogen nach. Außerdem dürften sie verschiedene Arten von Fallen erfunden haben. Zum Standwild werden Tiere gerechnet, die sich nur innerhalb eines bestimmten Revieres aufhalten, also keine großen Wanderungen unternehmen. Daneben wandten sich die damaligen Jäger und Sammler stärker der Kleintier- und Vogeljagd sowie dem Fischfang zu. Darauf deuten die vielfach sehr feinen

Pfeilspitzen hin, die sich nur zur Erlegung kleiner Tiere eigneten, außerdem stumpfe Holzpfeile, die Vögel nur betäuben sollten, sowie Angelhaken aus Knochen oder Geweih, Reste von Fischreusen und -netzen. Die Jagd auf das Standwild und viel kleinere Tierarten sowie der Fischfang versetzten die mittelsteinzeitlichen Jäger, Fischer und Sammler vermutlich in die Lage, länger als vorher üblich an einem Siedlungsplatz zu verweilen.

Auch in der Mittelsteinzeit wurde ein beträchtlicher Teil der Werkzeuge und Waffen aus denselben Steinarten wie in der Altsteinzeit hergestellt. Besonders typisch sind die auffallend kleinen Feuersteingeräte, die man Mikrolithen nennt.

Die manchmal nur daumennagelgroßen Mikrolithen klemmte man in aufgespaltene Stiele aus Holz, Knochen oder Geweih und kittete sie mit klebrigem Birkensaft oder Harz fest. Auf diese Weise entstanden teilweise Geräte, die in normaler Klingentechnik nicht herstellbar gewesen wären. Mikrolithen in Form von Dreiecksmesserchen dienten als Zacken von Harpunen, Fischspeeren und Pfeilen. Manchmal bestückte man Hirschgeweihstangen so dicht hintereinander mit dreieckigen Mikrolithen, dass man von einer Säge sprechen kann. Quadratische Mikrolithen mit einer scharfen Schneide wurden in Jagdpfeile eingesetzt. Stichel benutzte man zum Lösen von Spänen aus Knochen oder Geweih. Kerbklingen eigneten sich vor allem für die Bearbeitung bzw. das Glätten von hölzernen Pfeilschäften und knöchernen Pfriemen. Die häufigen Mikrolithenfunde in Europa führten in früheren Jahrhunderten zu Sagen über Zwerge, denen man die rätselhaften kleinen Geräte zuschrieb, zumal wenn sie in Höhlen entdeckt wurden.

Als eine der wichtigsten Erfindungen der Mittelsteinzeit zählt das geschäftete Feuersteinbeil. Mit ihm konnte man den Wald bei der Anlage der Siedlungen lichten, Bauholz für Hütten

oder Zelte zurechthauen, Einbäume aushöhlen sowie Holzgeräte und Waffen herstellen.
Zu den wichtigsten Knochengeräten gehörten die Spitzen, die aus den Fußknochen vom Rothirsch oder vom Reh – seltener aus Rippenknochen – angefertigt wurden. Man befestigte sie mit Baumharz und Bast an mehr oder minder langen Holzschäften. Große Knochenspitzen wurden auf Speeren bei der Großwildjagd verwendet, kleinere als Bewehrung von Pfeilen bei der Jagd auf Flugwild oder an schlanken Speeren zum Fischstechen.
Aus besonders dicken Knochen von Auerochsen wurden mehr als 30 Zentimeter lange Hacken angefertigt. Mittelfußknochen von Auerochsen, Waldwisenten und Rothirschen dienen als Rohmaterial für Tüllenbeile. Diese hatten vorn eine Schneide und unten ein Loch (Tülle), in das ein Holzschaft gesteckt wurde. Mit solchen Geräten konnte man nicht nur Baumrinde abschälen, sondern auch Bäume fällen. Aus Geweihen von Rothirschen fertigte man Geweihhacken und -äxte mit Schaftloch, in dem der Holzschaft steckte. Bei der Geweihhacke stand die Schneide quer zum eingebohrten Schaftloch, bei der Geweihaxt dagegen parallel zur Bohrung. Außerdem stellte man aus Geweih Spitzhacken mit oder ohne Holzschaft sowie Beilklingen und Druckstäbe für die Bearbeitung von Feuerstein her. Knorriges und besonders festes Holz verwendete man zuweilen als Beilköpfe, die man durchlochte und mit einem Holzschaft versah. Damit stand ein Hammer zur Verfügung.
Tauschgeschäfte fanden auch in der Mittelsteinzeit statt, wenngleich damals nicht mehr so viel umhergezogen wurde wie in früheren Zeiten. Vor allem die weiterhin beliebten Schmuckschnecken belegen weitreichende, wenngleich wohl meist indirekte Fernverbindungen.

So trug man in Deutschland neben einheimischen Schmuckschnecken auch weiterhin solche aus dem Mittelmeerraum und von der Atlantikküste. In die Schweiz sind Schmuckschnecken aus dem Mittelmeerraum und aus Deutschland importiert worden. Tauschgeschäfte wurden zudem mit seltenen Feuersteinarten betrieben.

Zu den bereits in der jüngeren Altsteinzeit bekannten „Berufen“ des Jägers, Zauberers und Künstlers, die wohl nur selten ausschließlich ausgeübt wurden, kam in der Mittelsteinzeit in gewässer- und fischreichen Gegenden derjenige des Fischers hinzu. Dieser ging mit saisonal unterschiedlichen Methoden (Reusen, Netzen, Angelruten, Harpunen) seinem Handwerk nach. Außerdem entstanden vermutlich noch andere Spezialisierungen. Denn in größeren, über längere Zeit ansässigen Gemeinschaften erlangten die besonderen Fähigkeiten eines Menschen eher Anerkennung als in den nur wenige Mitglieder zählenden Familien von nomadisierenden Jägern. Hinzu kam, dass in der Mittelsteinzeit etliche neue Errungenschaften zu beobachten sind: Einbäume aus dicken Baumstämmen, hölzerne Paddel, Fischreusen aus Weidenruten, Fischnetze, Stricke aus Bast und Behältnisse aus Rinde.

Auch in der Mittelsteinzeit waren die Menschen auf dem Festland selbst bei weitesten Wanderungen auf ihre eigenen Beine angewiesen. Die Fortbewegung auf dem Wasser gewann aber immer mehr an Bedeutung. Fortbewegt wurden die mit Hilfe von Steinäxten und Feuer ausgehöhlten Einbäume mit langen hölzernen Paddeln. Neben Einbäumen gab es vielleicht auch größere Wasserfahrzeuge wie Flöße oder Katamarane. Damit hat man wahrscheinlich vom englischen Festland aus über zwölf Kilometer entfernte Inseln aufgesucht oder die Irische See überquert, um Irland zu besiedeln.

Als eindrucksvollstes Belegstück für die mittelsteinzeitliche Schifffahrt gilt der fast 3 Meter lange und nahezu 45 Zentimeter breite sowie ungefähr 30 Zentimeter hohe Einbaum aus einem Moor bei Pesse in der holländischen Provinz Drenthe. Eine radiometrische Altersdatierung ergab, dass der Einbaum um 6.315 v. Chr. hergestellt worden ist. Vielleicht hat man dieses Wasserfahrzeug beim Fischfang und Aufsuchen von Muschelbänken benutzt.

In Norddeutschland wurden Paddel aus der Mittelsteinzeit in Duvensee (Kreis Herzogtum-Lauenburg) und in Gettorf (Kreis Rendsburg-Eckernförde) entdeckt, in Ostdeutschland in Friesack (Kreis Nauen). Je ein Paddel konnte auch in Holmegard auf Seeland (Dänemark) sowie in Star Carr (England) geborgen werden.

Die in der Mittelsteinzeit geschaffenen Kunstwerke erreichten nicht mehr die außerordentlich hohe Qualität der jüngeren Altsteinzeit. Selbst die mit schönen Motiven verzierten Knochen- und Geweihgeräte halten keinem Vergleich mit den Werken aus dem Magdalénien stand. Das gilt auch für die mittelsteinzeitlichen Felsbilder, deren expressionistische Darstellungsweise oft fast bis zur Abstraktion reicht. Felsbilder aus der Mittelsteinzeit kennt man aus Ostspanien, Norwegen, Schweden, Russland, Italien, Nordafrika, Südamerika und Nordamerika. Im Pariser Becken entdeckte man Gravierungen.

Die Menschen der Mittelsteinzeit bestatteten ihre Toten meist in Hockerlage mit zum Körper hin angezogenen Knien, aber auch als „sitzende Hocker“ und in gestreckter Körperlage. Neben Einzelbestattungen gab es Kollektivbestattungen mit mehr als 40 Verstorbenen. Die Gräber wurden im Freiland oder in Halbhöhlen angelegt. Wie in der jüngeren Altsteinzeit hat man offenbar auch in der Mittelsteinzeit die Leichname

oft mit rotem oder gelbbraunem Farbstoff überschüttet. Nicht selten erfolgten Sonderbehandlungen des Leichnams. Unter anderem sind Schädelbestattungen, Körperbestattungen ohne Schädel und Leichenzerstückelungen nachgewiesen. Der in der Altsteinzeit praktizierte Schädelkult wurde auch in der Mittelsteinzeit ausgeübt. Als bedeutendster Beleg für diesen Schädelkult gelten die insgesamt 33 Schädel aus der Großen Ofnethöhle bei Holheim (Kreis Donau-Ries) in Bayern.
Die Art und Weise vieler Bestattungen aus der Mittelsteinzeit – wie Beisetzung auf Siedlungsplätzen, „liegende Hocker“ in Schlafstellung, „sitzende Hocker“, Rotfärbung des Toten sowie Werkzeug- und Schmuckbeigaben – deuten darauf hin, dass die damaligen Menschen an einen „lebenden Leichnam“ glaubten. Verstorbene waren nach dieser Auffassung nicht tot, sondern lebten weiter und wurden als Mitglied der Gemein-schaft betrachtet. Durch die Zerstückelung von bestimmten Leichen wollte man vielleicht die Wiederkehr von gefürchteten Personen verhindern.

Die Mittelsteinzeit in Deutschland

Die Mittelsteinzeit begann in vielen Teilen Deutschlands vor etwa 10.000 Jahren (rund 8.000 v. Chr.). Ihr Anfang wird – wie allgemein in Mitteleuropa üblich – mit dem Beginn der Nacheiszeit, dem Holozän, gleichgesetzt. Sie endete jeweils, als die letzten mittelsteinzeitlichen Jäger, Fischer und Sammler von den eingewanderten ersten Bauern den Ackerbau, die Viehzucht und die Töpferei übernahmen, Dies war in Baden-Württemberg, Bayern, im Saarland, in Rheinland-Pfalz, Hessen, Nordrhein-Westfalen, im südlichen Nieder-sachsen sowie in Thüringen, Sachsen-Anhalt, Sachsen und im südlichen Brandenburg etwa um 5.000 v. Chr. der Fall. In Schleswig-Holstein, dem nördlichen Niedersachsen und Mecklenburg wurde dieses Stadium erst ungefähr um 4.500 v. Chr. erreicht.

Die Mittelsteinzeit in Hessen

Für Hessen, Nordrhein-Westfalen, Niedersachsen, Brandenburg, Thüringen, Sachsen-Anhalt und Sachsen sind die Begriffe ältere Mittelsteinzeit und jüngere Mittelsteinzeit üblich. Kriterium für die Zugehörigkeit zu einer dieser beiden Gruppen ist, ob im Fundgut trapezförmige Pfeilspitzen fehlen oder nicht. In ersterem Fall handelt es sich um den älteren Abschnitt, im zweiten um den jüngeren. Bisher konnten zumeist Werkzeuge und Waffen aus Stein oder Geweih, aber gebietsweise auch Skelettreste und andere Funde geborgen werden.

„Bisher sind in Hessen keine aussagekräftigen Siedlungsspuren – wie Grundrisse von Behausungen und Feuerstellen – aus der Mittelsteinzeit entdeckt worden. Man kennt lediglich eine Anzahl von Freilandstationen mit mehr oder minder zahlreichen Steinwerkzeugen und -waffen, die auf der Erdoberfläche aufgelesen wurden.“ So hieß es in dem 1991 erschienenen Buch „Deutschland in der Steinzeit“ von Ernst Probst. Dies gilt für Hessen immer noch. Fundstellen von Steinwerkzeugen und -waffen aus der Mittelsteinzeit kennt man aus Nordhessen und Südhessen. Vielleicht gehört der auf ein Alter von etwa 12.000 bis 8.000 Jahren geschätzte Schädel von Rhünda (Kreis Melsungen) in die Mittelsteinzeit.

Im Senckenberg-Moor bei Frankfurt am Main gelang 1914 der Nachweis, dass die mittelsteinzeitlichen Jäger, Fischer und

Sammler bereits Haushunde besaßen. Dort fand man Skelettreste eines Hundes, der etwa so groß wie ein heutiger Spitz war. Der „Senckenberg-Hund“ kam zusammen mit dem Skelett eines Auerochsen zum Vorschein.

Keine mittelsteinzeitlichen Funde aus Wiesbaden

1960 schrieb der Wiesbadener Archäologe Heinz-Eberhard Mandera in der Publikation „Die Jüngere Steinzeit“ über die Mittelsteinzeit in der Gegend von Wiesbaden: „Daß eindeutige Zeugnisse dieser Kulturphase in unserem Arbeitsgebiet bisher fehlen, ist zweifellos nur als Fundlücke zu bewerten“.
Auf der Internetseite der „Arbeitsgemeinschaft Altsteinzeit und Mittelsteinzeit Hessen“ erwähnt der Prähistoriker Lutz Fiedler keinen einzigen mittelsteinzeitlichen Fund aus der Gegend von Wiesbaden. Es könnte aber jeden Tag etwas aus der Mittelsteinzeit entdeckt werden.
Rund 30 Kilometer von Wiesbaden entfernt wurden in den 1960er Jahren am Rand einer Sandgrube bei Groß-Gerau zahlreiche Mikrolithen entdeckt. In rund 20 Kilometer Entfernung fand zu Beginn der 1970er Jahre der Sammler J. Hubbert in der Gemarkung von Rüsselsheim an der Grenze zu Königstädten in einem Kaninchenbau mittelsteinzeitliche Artefakte.

Die Jungsteinzeit

Die Jungsteinzeit (Neolithikum) ist – wie ihr Name sagt – die jüngste und damit letzte Periode der Steinzeit. Sie begann in jedem Land jeweils mit dem Auftreten von Ackerbau, Viehzucht und Töpferei. Diese Neuerungen führten zur Sesshaftigkeit, nachdem sich zuvor schon Jäger, Sammler und Fischer der Mittelsteinzeit sehr viel länger an ihren Siedlungsplätzen aufgehalten haben als ihre Vorgänger aus der Altsteinzeit. Da die neuen Errungenschaften nicht alle auf einmal erfunden wurden, gingen der Jungsteinzeit gewisse Vorformen – wie das Protoneolithikum oder das Präkeramische Neolithikum – voraus.

Als Protoneolithikum wird im Vorderen Orient die Zeitspanne bezeichnet, in der man bereits wildes Getreide erntete, davon Vorräte anlegte, es bei Bedarf verzehrte und in festen Siedlungen wohnte. Dieses Stadium war auf dem Gebiet des heutigen Israel und Jordanien schon um 10.000 v. Chr. erreicht. Präkeramisches Neolithikum nennt man die Zeitspanne, in der man schon Ackerbau und Viehzucht betrieb, aber noch keine Töpferei kannte. Das war im Vorderen Orient von etwa 8.000 bis 6.000 v. Chr. der Fall. Manche der präkeramischen Fund-schichten sind ebenso alt wie die frühesten Keramikvorkommen, man bezeichnet sie auch als Akeramikum.

Die Anfänge der Töpferei reichen im östlichen Mittelmeergebiet bis 7.000 v. Chr. zurück, nennenswert durchgesetzt hat sie sich jedoch erst ab etwa 6.000 v. Chr. Dies ist auch der Zeitpunkt, von dem ab im Vorderen Orient die frühesten jungsteinzeitlichen Kulturen auftraten, die Ackerbau, Viehzucht und Töpferei betrieben. Von dort – und vermutlich auch von Nordafrika aus – wurden diese Neuerungen im Laufe der Zeit immer mehr verbreitet.

Im südlichen Mitteleuropa begann die Jungsteinzeit teilweise um 5.500 v. Chr., in Nordeuropa dagegen mehr als tausend Jahre später. Die Jungsteinzeit endete in Mesopotamien, Ägypten und auf Kreta mit der allgemeinen Verwendung von Bronze für die Herstellung von Waffen und Schmuck um 2.500 v. Chr., im südlichen Mitteleuropa in einzelnen Gebieten um 2.300 v. Chr. und in anderen Gebieten noch später.
Jungsteinzeitliche Kulturen entwickelten sich vor allem in Asien, Nordafrika und Europa. In Afrika südlich der Sahara und in großen Teilen Südasiens ist die Bezeichnung späte Steinzeit (Late Stone Age) gebräuchlich, die dort unmittelbar in die Eisenzeit übergeht. Auch in Amerika wird der Begriff Jungsteinzeit nur ausnahmsweise verwendet.
In den einzelnen Gebieten wird die Jungsteinzeit unterschiedlich unterteilt. So bezeichnet man den Beginn der Jungsteinzeit in Süddeutschland, Österreich und der Schweiz als Altneolithikum, in Mitteldeutschland dagegen als Frühneolithikum. In Norddeutschland behauptete sich zur gleichen Zeit noch das Spätmesolithikum.
Die Kulturen bzw. Gruppen der Jungsteinzeit sind nach der Art der Verzierung der Keramikgefäße (beispielsweise Linienbandkeramische Kultur), der Form der Keramikgefäße (Trichterbecher-Kultur), dem Fundort, an dem eine Kultur oder Gruppe erstmals oder besonders typisch nachgewiesen wurde (Rössener Kultur, Oberlauterbacher Gruppe) oder nach der typischen Bestattungsart (Einzelgrab-Kultur) benannt. Die Abfolge der jungzeitlichen Kulturstufen war in jedem Land und oft sogar ein einzelnen Landesteilen unterschiedlich.
Unter einer Kultur versteht man eine Reihe von Elementen wie Geräteindustrie, Wirtschaft, Kunst, Siedlungsform, Grabritus und anthropologische Charakteristik. In der Jungsteinzeit sind alle diese Teilbereiche besser bekannt als in den

vorangegangenen Perioden. So beschreibt hier der Begriff Kultur nicht nur einen Technokomplex oder die materielle Kultur. In der Wissenschaft verzichtet man daher auf die Anführungszeichen bei Begriffen wie Kultur, Linienbandkeramische Kultur usw. Solange noch unklar ist, ob eine neue erkante Kultur vorliegt, spricht man von einer Gruppe. Leider sind sich die Prähistoriker in einigen Fällen nicht einig, ob es sich um eine Kultur oder um eine Gruppe handelt. So findet man in der Fachliteratur je nach Autor beispielsweise den Begriff Baalberger Kultur oder Baalberger Gruppe bzw. Wartberg-Kultur oder Wartberg-Gruppe.

In manchen Teilen Mitteleuropas fiel der Beginn der Jungsteinzeit um 5.500 v. Chr. in das Atlantikum (etwa 5.800 bis 3.800 v. Chr.). In dieser Zeitspanne herrschte in Europa ein vom Wettergeschehen des Atlantischen Ozeans (daher der Name Atlantikum) bestimmtes niederschlagsreiches und warmes Klima. Wie erwähnt, dominierte damals der Eichenmischwald mit Eichen, Ahorn, Eschen, Linden und Ulmen. Um 3.800 folgte das Subboreal, das als eine Zeit des Überganges gilt, in der in Europa gebietsweise Eichenmischwälder, aber auch Buchen-, Buchen-Tannen- oder reine Fichtenwälder wuchsen. In der Anfangszeit dieses Abschnittes, der bis 800 v. Chr. währte, setzte im nördlichen Mitteleuropa der Rückzug der Ulmen ein.

Zu Beginn der Jungsteinzeit war es in Mitteleuropa mindestens so warm wie heute. Damals kam hier noch die Europäische Sumpfschildkröte (*Emys orbicularis*) in Sümpfen, Seen und Flüssen vor. Diese behauptet sich heute nur in Gebieten mit langer Sonnenscheindauer im Sommer. In den Flüssen und Bächen der Jungsteinzeit existierte eine reiche Fischwelt, zu der Barbe, Döbel, Flussbarsch, Forelle, Hecht, Rotauge, Rotfeder und Schleie gehörten. Das gute Nahrungsangebot in manchen Gewässern zog Fischreiher an, die gebietsweise in großen Kolonien brüteten. Vielfach bauten Biber in Flüssen und Seen ihre Burgen. An den Küsten der Nordsee und Ostsee tummelten sich Seehunde im Meer. Das größte und gefährlichste Tier auf dem Festland war damals nach wie vor der Braunbär. In den Wäldern Mitteleuropas lebten neben Braunbären und Wölfen auch Füchse, Dachse, Marder, Luchse, Wildkatzen, Auerochsen. Wisente, Elche, Rothirsche, Rehwild und Wildschweine. In waldarmen Gebieten fanden vermutlich Wildpferde wieder günstige Lebensbedingungen. Bei den Menschen der Jungsteinzeit erreichten die Männer anfangs in manchen Kulturen eine Körpergröße von 1,70 Meter, die Frauen wurden nur selten 1,60 Meter groß. Die ganz frühen Neolithiker – etwa die frühen Linienbandkeramiker – ähnelten noch Menschen der Mittelsteinzeit. Erst ab der späten Linienbandkeramischen Kultur traten die „Grazilmediterraniden“ auf. Diese hatten neben der geringen Körpergröße auch einen grazilen Schädel- und Körperbau, eine relativ starke Wölbung der Stirn, eine geringe Höhe des Gesichtes und des Obergesichtes und eine relativ breite Nase. Nach den tönernen Menschenfiguren aus dieser Zeit zu schließen, trugen die Männer keinen Bart. In den Schnurkeramischen Kulturen nach 2.800 v. Chr. waren die Skelette der Menschen wieder weniger grazil. In Osteuropa lebten während der gesamten Jungsteinzeit Menschen mit kräftig gebauten Skeletten.

Mitunter lassen Bestattungen aus der Jungsteinzeit erkennen, dass Schwerkranke und -verletzte lange Zeit von Angehörigen gepflegt und von Medizinmännern behandelt worden sind. So kennt man aus Deutschland beispielsweise einen Fall von schwerer Knochenmarksentzündung (Osteomyelitis), die zu jahrelanger Invalidität und Arbeitsunfähigkeit führte und

intensive Pflege erforderte. In dieser Periode verstand man es schon, Armbrüche zum Teil besser als heute so einzurichten und so zu schienen, dass der Arm wieder gut verheilte und voll funktionstüchtig war. In einigen europäischen Kulturen führten Medizinmänner bei schweren Verletzungen und bestimmten Krankheiten sogar komplizierte Schädeloperationen (Trepanationen) mit großem Erfolg durch.
In der Jungsteinzeit wurden – bedingt durch die zunehmende Bedeutung von Ackerbau und Viehzucht sowie manchmal durch das Vorkommen bestimmter Rohstoffe – immer mehr Menschen sesshaft. Diese Entwicklung vollzog sich am frühesten im Vorderen Orient, wo in dieser Epoche die ersten Hochkulturen am Nil, Euphrat und Tigris entstanden.
Als eine der ältesten stadtartig befestigten Siedlungen gilt die um 7.000 v. Chr. errichtete Anlage von Jericho. Sie war von einer zwei Meter dicken und sechs Meter hohen Steinmauer umgeben. Ein neun Meter breiter Rundturm misst heute noch neun Meter Höhe und besaß eine Treppe mit Steinplatten. Vor der Mauer, die Jericho umschloss, hatte man einen drei Meter tiefen und neun Meter breiten Verteidigungsgraben in den Fels geschlagen. Im Schutz dieser monumentalen Befestigungsanlage wohnten schätzungsweise 2.000 bis 3.000 Menschen in zahlreichen aus Lehmziegeln erbauten bienenkorbähnlichen Häusern.
In der Zeit von etwa 5.500 bis 4.900 v. Chr. machten im südlichen Mitteleuropa der Hausbau und das Siedlungswesen spürbare Fortschritte. Hier errichteten die frühen Bauern der Linienbandkeramischen Kultur bis zu 40 Meter lange Großbauten. Diese Häuser waren in einen Wohn-, Speicher- und Stallteil gegliedert. Die Linienbandkeramiker legten Dörfer mit bis zu 40 Häusern an, in denen manchmal mehrere hundert Menschen lebten. Nicht selten waren diese Siedlungen von

Bau eines Langhauses der Linienbandkeramischen Kultur.
Zeichnung: Fritz Wendler (1941–1995) für das Buch „Deutschland in der Steinzeit“ (1991) von Ernst Probst

Gräben, Wällen und Palisaden umgeben. Demnach muss man feindliche Angriffe befürchtet haben.
Ab etwa 4.500 v. Chr. entwickelten einige Kulturen oder Gruppen im südlichen Mitteleuropa eine Vorliebe, ihre Holzhäuser auf feuchtem und überflutungs-gefährdetem Grund von Seeufern zu errichten. Diese Seeufersiedlungen wurden früher generell als „Pfahlbauten“ bezeichnet, weil man davon ausging, dass sie auf langen Pfählen mitten im Wasser gestanden hätten. Diese romantische Vorstellung ist inzwischen der Erkenntnis gewichen, dass es zwei verschiedene Typen von Seeufersiedlungen gegeben hat. Ein Teil der Seeufersiedlungen besaß tatsächlich vom Grund abgehobene Häuser, weil das darunter liegende Land zeitweise überschwemmt wurde. Der vermutlich größere Teil der Seeufersiedlungen bestand jedoch aus Häusern, deren Fußböden ursprünglich auf dem Grund auflagen.
Die frühesten Seeufersiedlungen wurden von Kulturen in Norditalien (Bocca-quadrata-Kultur, etwa von 4.800 bis 3.800 v.Chr.), in der Mittelschweiz (Egolzwiler Kultur, etwa 4.500 bis 4.000 v. Chr.) und in Süddeutschland (Aichbühler Gruppe, etwa 4.200 bis 4.000 v. Chr.) gebaut. Im Laufe der Zeit setzte sich diese neue Siedlungsform in anderen seenreichen Gebieten rings um den Fuß der Alpen durch und behauptete sich bis zum Ende der Bronzezeit um 800 v. Chr. Die Wahl von Seeufern als Standorte für größere Siedlungen erfolgte vielleicht aus Gründen der Sicherheit, da man nur die dem Land zugekehrten Seiten durch Palisaden besonders schützen musste. Außerdem stand hier für die unterschiedlichsten Aktivitäten stets ausreichend viel Wasser zur Verfügung, beispielsweise für die Bewässerung der Felder und die Tränke des Viehs. Zudem konnte man durch Fischfang den Speiseplan bereichern und mit dem Einbaum andere Ziele am See erreichen.

In der Jungsteinzeit entstanden in Mitteleuropa auffallend viele, stark mit Gräben, Wällen und Palisaden geschützte Siedlungen von fast burgartigem Charakter. Sie wurden auf Bergen, im offenen Flachland und zuweilen an Flussläufen angelegt und spiegeln vermutlich unruhige Zeiten wider. Solche wehrhaften Siedlungen waren besonders für die Michelsberger Kultur typisch und werden als Erdwerke bezeichnet., Die größten unter ihnen umschlossen eine Fläche von hundert Hektar und besaßen mehr als zwei Meter tiefe und bis zu zehn Meter breite Gräben, die mit primitiven Schaufelwerkzeugen ausgehoben wurden. Sie dokumentieren eine beachtliche Gemeinschaftsleistung dieser Burgenbauer.
Jagd und Fischfang, die in der Mittelsteinzeit noch die Grundlagen der Ernährung bildeten, verloren in der Jungsteinzeit durch die Einführung von Ackerbau und Viehzucht allmählich an Bedeutung. Dies lässt sich an dem auffallend geringen Anteil von Wildknochen und Fischresten in den meisten Dörfern der frühen Bauern sowie in den ersten Städten des Vorderen Orients ablesen. Wildbret sorgte meist nur noch für eine gewisse Abwechslung auf dem Speisezettel. Die Veränderung der Ernährung setzte schon vor etwa 15.000 Jahren gegen Ende der Altsteinzeit in Palästina ein. In dieser Region ernteten Jäger erstmals wildwachsendes Getreide und aßen dessen Körner. Um etwa 10.000 v. Chr. legte man in Palästina bereits Vorräte von Getreidekörnern an und konnte dank solcher Nahrungsreserven länger als in früheren Zeiten an einem Ort wohnen.
Die bisher ältesten Belege für Ackerbau und Viehzucht stammen aus dem als „Fruchtbarer Halbmond“ bezeichneten sichelförmigen Landstrich im Vorderen Orient, der sich von Palästina bis zum Oberlauf des Tigris über die Fußzonen der türkisch-iranischen Gebirgsketten bis zum Persischen Golf

erstreckt. Dort existierten die Wildformen von Getreide (Einkorn, Emmer, Gerste) und einigen Gemüsearten (Linsen, Bohnen) sowie die Ausgangsformen erster Haustiere (Wildrinder, -schafe, -ziegen und -schweine).

Intensive Getreidenutzung ist am Siedlungsplatz Ain Mallaha im nördlichen Israel für die Zeit zwischen 9.500 und 8.500 v. Chr. überliefert. In dieser Siedlung der Natuf-Kultur (Natufien) entdeckte man große Mörser aus Stein zum Zerquetschen der Getreidekörner sowie Klingen und andere Teile von Sicheln zum Abschneiden der Halme. Wildgetreide aus der Zeit um 8.500 v. Chr. fand man in Abu Hurreia am rechten Ufer des Euphrat in Syrien. In jüngeren Schichten, die zwischen 7.500 und 6.000 v. Chr. datiert werden, stießen die Ausgräber auf angebautes Getreide und Hülsenfrüchte. Hinweise auf Getreidenutzung zwischen 9.000 und 7.000 v. Chr. liegen aus Muraibit am linken Ufer des Euphrat in Syrien vor. Steinerne Sicheln und Mahlsteine aus der Zeit zwischen 9.000 und 8.000 v. Chr. verweisen auch in Zaw-e Chami Shanidar im nördlichen Irak auf Getreidenutzung hin.

Bei der Lagerung von Getreidekörnern in Erdgruben machte man vermutlich die Erfahrung, dass Getreidekörner auskeimen und sich daraus neue Pflanzen entwickeln können. Dies führte bald zur bewussten ersten Aussaat.

Zu den ältesten Belegen von Haustieren in der Jungsteinzeit gehören die Hunde in der ab etwa 9.500 v. Chr. bestehenden Siedlung Ain Mallaha in Israel. Ziegen und Schafe wurden ab ungefähr 7.000 v. Chr. in der Siedlung Can Hasan in der Türkei gehalten. Die Anfänge der Viehzucht waren vermutlich das Ergebnis von Jagdunternehmungen, bei denen Jungtiere eingefangen und gefangengehalten wurden, bis man sie schlachtete und verzehrte. Dabei zeigte sich, dass solche lebenden Fleischreserven für Notzeiten gewisse Vorteile

hatten und dass man bestimmte Tierarten in Gefangenschaft vermehren konnte.
Die zunehmende Beherrschung von Ackerbau und Viehzucht führte ab etwa 7.000 v. Chr. zu einer reichen kulturellen Entfaltung im Vorderen Orient. Da die Ernährung durch neue Errungenschaften gesichert war, stieg die Bevölkerungszahl merklich an. Der daraus resultierende Bevölkerungsdruck löste Wanderungen und Siedlungsgründungen aus, die vermutlich jeweils von jungen Leuten aus den von Überbevölkerung bedrohten Dörfern vorgenommen wurden. Noch im Laufe des siebten Jahrtausends v. Chr. entstanden immer mehr neue Siedlungen in den Randbereichen des „Fruchtbaren Halbmondes". Die frühen Bauern zogen bald weiter nach Süden und gelangten beim Marsch entlang der Ströme nach Mesopotamien. Sie stießen auch zum Rand des Zentralpersischen Beckens vor und legten dort Siedlungen an. Während des siebten Jahrtausends v. Chr. erstreckte sich das bäuerliche Siedlungsgebiet im Norden bereits bis nach Südanatolien (Türkei).
Gegen Ende des siebten Jahrtausends v. Chr. wagten junge Ackerbauern und Viehzüchter auf Schiffen mit ihren Familien, Nahrungsvorräten, Saatgut und Haustieren den Sprung über die Ägäis. Nun entstanden entlang der griechischen Ostküste – und somit erstmals auf euopäischem Boden – zahlreiche Bauerndörfer. Zu den frühesten bäuerlichen Siedlungen Griechenlands gehörte Argissa Magula am linken Ufer des Peneios in Thessalien, wo bereits um 6.000 v. Chr. Emmer, Einkorn, Gerste, Hirse und Linse angebaut sowie Schafe, Schweine und Rinder gehalten wurden. Mit Schiffen erreichte man auch Mittelmeerinseln wie Kreta und Zypern. Bald darauf siedelten bäuerliche Kolonisten in anderen Balkanländern wie Bulgarien, Rumänien und Serbien. Die

frühesten Bauern in Bulgarien werden der Karanovo-Kultur, in Rumänien der Cris-Kultur, in Serbien der Starcevo-Kultur und in Ungarn der Körös-Kultur zugerechnet.
Von Südosteuropa aus drangen Ackerbauern und Viehzüchter auf zwei Wegen ins übrige Europa vor. Eine Gruppe siedelte entlang der Mittelmeerküste und gelangte allmählich bis nach Spanien. Für diese Gruppe war die Keramik mit eingedrückten Mustern (Impresso-Keramik) typisch, bei denen Abdrücke vom gewellten Rand der Herzmuschel *Cardium* (Cardial-Keramik) überwogen. Die andere Gruppe wanderte vom unteren Donaugebiet aus zu den fruchtbaren Lössböden der Ukraine, von Tschechien, Österreich, Deutschland, der Nordschweiz, der Niederlande und des Pariser Beckens. Für diese Gruppe war die mit eingeritzten Bandmustern verzierte Keramik (Linienbandkeramik oder Bandkeramik) charakteristisch. Diese Linienbandkeramiker oder Bandkeramiker gelten in weiten Teilen Mitteleuropas als die ersten Ackerbauern, Viehzüchter und Töpfer. Sie sind ab etwa 5.500 v. Chr. nachweisbar.
Die Ausbreitung der bäuerlichen Lebensweise und der damit verbundene starke Anstieg der Bevölkerungszahlen hat 1936 den australisch-britischen Prähistoriker Vere Gordon Childe (1892–1957) bewogen, dafür den Begriff der „neolithischen Revolution“ zu prägen. Diese Bezeichnung hat sich in der Fachliteratur durchgesetzt, weil der Ackerbau, die Viehzucht und die Töpferei tatsächlich das Leben der jungsteinzeitlichen Menschen auf revolutionäre Weise verändert haben.
Die ersten Bauern in Mitteleuropa mussten die lindenreichen Eichenmischwälder mit ihren Steinbeilen roden, bevor sie Siedlungen und Ackerflächen anlegen konnten. Häufig wurden Brandrodungen vorgenommen, wobei die anfallende Asche für eine gewisse Düngung der Felder sorgte. Das Vieh

hat man in die Wälder getrieben, wo es das Jungholz abweidete. Dies und die Gewinnung von Laubheu als Winterfutter führte vermutlich innerhalb weniger Jahrzehnte dazu, dass die Wälder gelichtet und artenmäßig umgestaltet wurden. Seit dieser Zeit gibt es in Mitteleuropa keine reinen Lindenwälder mehr.

Der Anbau von Getreide, dessen Ernte und Verarbeitung waren für die frühen Bauern mit großen Mühen verbunden. Für die Bodenbearbeitung standen zunächst nur Stöcke zum Graben von Saatlöchern zur Verfügung. Später wurden Holzspaten zum Umgraben des Erdreiches und zum Ziehen von Furchen eingesetzt. Der von Rindern gezogene Hakenpflug, mit dem man den Ackerboden aufreißen konnte, wurde vermutlich vor 3.000 v. Chr. erfunden. Zu dieser Zeit tauchte er unter den Schriftzeichen der Sumerer in Uruk auf.

Das Getreide erreichte in der Jungsteinzeit nicht die Höhe der heutigen Halme, daher hat es die Unkräuter kaum überragt. Bei der Ernte raffte man einige Ähren, die oft mit Unkräutern vermischt waren, zusammen und schnitt sie mit Sicheln ab. So gelangten auch Unkräuter in das Erntegut. Bei den Sicheln handelte es sich um eine bogenförmige Holzfassung, in die man mehrere Feuersteinklingen einklemmte.

Das geerntete Getreide wurde in Erdgruben oder in großen tönernen Vorratsgefäßen gespeichert, wo es vor Mäusen sicher war. Oft ließ man die Getreidekörner bis kurz vor ihrer Verwendung als Nahrungsmittel von den Spelzen umhüllt und befreite sie erst beim Dreschen davon. Gedroschen hat man, indem man mit Steinen oder Knüppeln durch Schlagen oder Stampfen die Körner aus den Spelzen herausdrückte.

Die Getreidekörner wurden auf grobkörnigen Mahlsteinen zerrieben. Solche Mühlen bestanden aus einer größeren Steinplatte, dem Unterlieger, auf dem man die Körner schüttete und dann mit einem länglichen Läuferstein, der unten flach war, zerquetschte. Versuche haben ergeben, dass man nach etwa drei Stunden Arbeit auf einem solchen Mahlstein mit Läufer ungefähr drei Kilogramm Mehl gewinnen konnte. Weil das Mehl mit Gesteinsabrieb vermischt war, dürfte es beim Essen vielfach stark zwischen den Zähnen geknirscht haben.

Mit den Getreidekörnern oder dem -mehl stellten die jungsteinzeitlichen Bauersfrauen Grützbrei her, der aus tönernem Geschirr mit Tonlöffeln gegessen wurde. Brot hat man in Form von scheibenartigen Fladen gebacken. Es gab auch schon Backöfen, so dass man echtes Brot backen konnte. In jungsteinzeitlichen Seeufersiedlungen der Schweiz wurden infolge der dort herrschenden ungewöhnlich guten Erhaltungsbedingungen sogar Jahrtausende alte Brotreste gefunden.

Die Haustiere der frühen Bauern in Mitteleuropa stammten einerseits von einheimischen Wildformen ab (Rind, Schwein), aber auch von Tierarten, die im Vorderen Orient heimisch waren (Ziege, Schaf). Diese ersten Rinder, Schweine, Schafe und Ziegen waren erheblich größer als im Mittelalter und ähnlich groß wie heutige Haustiere. Kühe und Ziegen gaben damals nicht viel Milch. Die Anfänge der Pferdezucht reichen bis 4.000 v. Chr. zurück. Zu dieser Zeit hat man in der Ukraine bereits Pferde als Reittiere benutzt. Ein ähnlich hohes Alter haben einige Pferdreste aus Süddeutschland. Mit den Schnurkeramischen Kulturen scheinen Hauspferde nach 2.800 v. Chr. in größerer Zahl nach Mitteleuropa gelangt zu sein.

Die jungsteinzeitlichen Töpfer bauten Tongefäße durch Aneinanderkneten einzelner ringförmiger Tonwülste vom Boden bis zum Rand auf. Dieser Aufbau lässt sich vielfach an der nicht glattgestrichenen Innenseite von Tongefäßen und bei zerbrochenen Stücken beobachten. Bei dieser Technik

konnten sich einzelne Teile der Gefäßwandung noch verformen, ehe sie unter großer Hitze gebrannt und verfestigt wurden. Die feuerbeständigen und wasserdichten Tongefäße versetzten die Menschen der Jungsteinzeit in die Lage, manche Nahrungsmittel leichter und besser zu kochen, als es vorher möglich gewesen war. Und in ihnen ließen sich viele Produkte längere Zeit aufbewahren.
Im Laufe der Jungsteinzeit wurden immer mehr Formen von Tongefäßen entwickelt, beispielsweise Töpfe, Schüsseln, Näpfe, Tassen, Becher und Amphoren. Nach der charakteristischen Form und Verzierung der Tongefäße lassen sich vielfach jungsteinzeitliche Kulturen oder Gruppen unterscheiden. Die Tongefäße wurden vor dem Brennen häufig mit mehr oder weniger aufwändigen Mustern verziert. Jede Kultur der Jungsteinzeit wendete dabei bestimmte Techniken an und entwickelte oder übernahm gewisse Modeerscheinungen. Die Verzierungsmotive wurden in den noch weichen Ton eingestochen, eingeritzt, eingestempelt oder eingedrückt. Dazu benutzte man unter anderem hölzerne oder knöcherne Stichel mit verschiedenen Enden, Stempel, Schnüre oder die Fingernägel. Die Vertiefungen wurden in manchen Kulturen mit weißer oder roter Paste ausgefüllt. In frühen Phasen der Lengyel-Kultur hat man die Keramik teilweise erst nach dem Brand bemalt. Vielfach ist die jungsteinzeitliche Keramik so geschmackvoll geformt und verziert, dass man getrost von Kunstwerken sprechen kann.
Die Herstellung von Werkzeugen und Waffen aus verschiedenen Steinarten erreichte in der Jungsteinzeit ihren Höhepunkt. Die schon in der Alt- und Mittelsteinzeit praktizierte Schlagtechnik wurde weiter verfeinert und gipfelte gegen Ende der Jungsteinzeit in prachtvoll geformten Feuersteindolchen. Neuerungen waren der Schliff von

Feuersteingeräten sowie die Erfindung der Bohrtechnik bei der Anfertigung von Klingen für Steinbeile und -äxte. Die Schleiftechnik ermöglichte die Herstellung scharfer, geradlinig verlaufender Schneiden. Die Bohrtechnik diente dazu, die Klingen von Steinäxten mit einem Loch zu versehen, das den Schaft aufnehmen konnte. Unter den Geräten aus Felsgestein war der Schuhleistenkeil mit gewölbter Ober- und flacher Unterseite – also mit D-förmigem Querschnitt – ein Universalgerät für Holzarbeiten. Zum Schneiden und Durchbohren von Holz, Knochen oder Geweih wurde vor allem scharfkantiger Feuerstein verwendet. Aus diesem Material fertigte man Kratzer zur Bearbeitung organischer Werkstoffe, Bohrer, Klingen als Einsätze für Sicheln zur Getreideernte und Pfeilspitzen für die Jagd oder den Kampf.

Pfeil und Bogen waren bei vielen Kulturen der Jungsteinzeit die wichtigste Waffe. Ihr Gebrauch ist durch zahlreiche Funde von Pfeilspitzen, die vielfach männlichen Toten ins Grab gelegt wurden, seltene Bogenfunde sowie durch Darstellungen auf Steinplatten von Gräbern oder auf Felsbildern belegt. In der gegen Ende der Jungsteinzeit auftretenden Glockenbecher-Kultur gab es neben Pfeilspitzen und Pfeilschaftglättern steinerne Armschutzplatten, die den Unterarm des Schützen nach dem Pfeilschuss vor dem Zurückschnellen der Bogensehne schützten. Einer der seltenen Bogenfunde der Jungsteinzeit glückte um 1970 in einer Kiesgrube von Koldingen (Kreis Hannover) in Niedersachsen. Dieser aus Eibenholz geschnitzte, nicht mehr ganz erhaltene Bogen dürfte zur Zeit seiner Verwendung etwa 1,75 Meter lang gewesen sein.

Bei einigen Kulturen der Jungsteinzeit wurden außer Pfeil und Bogen auch häufig Streitäxte aus Felsgestein angefertigt. Deshalb bezeichnet man sie als Streitaxt-Kulturen. Dazu gehören beispielsweise die Schnurkeramischen Kulturen und

die Einzelgrab-Kultur. In der Übergangszeit von der Jungsteinzeit zur Bronzezeit erfreuten sich im nördlichen Mitteleuropa und in Nordeuropa meisterhaft in Steinschlagtechnik ausgeführte Feuersteindolche großer Beliebtheit. Diese Phase wird deshalb als Dolchzeit bezeichnet.
Der Bedarf an Feuerstein wurde in der Jungsteinzeit so groß, dass man in Frankreich, Belgien, Holland, England, Deutschland und Polen bereits Feuersteinbergwerke im Tagebau betrieben hat. Zur Zeit der Glockenbecher-Kultur ab 2.500 v. Chr. war Feuerstein aus Grand Pressigny im französischen Département Indre-et-Loire sehr gefragt. Die Grand-Pressigny-Klingen und -Dolchklingen wurden bis in die Bretagne, in die Schweiz, nach Belgien und in die Niederlande importiert. Ähnliche Tauschgeschäfte gab es für andere Steinarten. Beispielsweise sind in Deutschland manche Schuhleistenkeile aus einer Felsgesteinsart angefertigt worden, die nur im Hohen Balkan und in den Westkarpaten vorkommt.
Die Entwicklung neuer Werkstoffe – wie Kupfer, Gold, Silber und Glas – war mit der Entstehung neuer Tätigkeiten verbunden. So kann man den Beginn der Metallurgie bis in das frühe siebte Jahrtausend v. Chr. zurückverfolgen. Damals wurden in Catal Hüyük in der Türkei bereits Rohkupferperlen hergestellt. Die ältesten Nachweise von Kupfer stammen aus dem siebten und sechsten Jahrtausend v. Chr. und zwar aus der Randzone der Gebirge zwischen Anatolien und dem südlichen Iran. Von dort begann der Siegeszug des Kupfers, das später auch in Südwestasien, im Transkaukasus, auf dem Balkan, im östlichen Mittelmeerraum und in Mitteleuropa bekannt wurde. Bei den ersten Kupfererzeugnissen handelte es sich um Schmuck, Werkzeuge und Waffen.
Gold war schon vor mehr als 4.000 v. Chr. in Europa bekannt. Die frühesten Goldfunde aus Deutschland und Österreich

stammen aus dem vierten Jahrtausend v. Chr. Sie sind jedoch nicht von der einheimischen Bevölkerung hergestellt, sondern importiert worden. In Ägypten wurde Gold im Alten Reich bei Assuan und in Nubien sogar bergmännisch abgebaut. Silber ist ab etwa 2.500 v. Chr. in den frühen Stadtkulturen Vorderasiens und bald darauf auch bei den in weiten Teilen Europas auftretenden Angehörigen der Glockenbecher-Kultur nachweisbar. Glas hat man in Oberägypten und Mesopotamien schon im vierten Jahrtausend v. Chr. hergestellt. Manche Kunstwerke in Mesopotamien, Ägypten, aber auch in Europa sind so meisterhaft ausgeführt, dass sie nur von besonders begabten Künstlern geschaffen worden sein können. Die Künstler der Jungsteinzeit schufen neben Felsbildern, Malereien und Tonfiguren, die es schon in früheren Zeiten gegeben hat, auch neuartige Kunstwerke wie lebensgroße menschengestaltige Stelen oder Statuen aus Stein. Felsbilder in Form von Gravierungen oder Malereien waren ab 5.000 v. Chr. vor allem in Nordafrika verbreitet, wo solche Kunstwerke teilweise schon in der vorhergehenden Mittelsteinzeit angefertigt worden sind.

Neu in der Kunst Europas waren die etwa seit 4.000 v. Chr. auf Wand- und Deckplatten von Großsteingräbern der Megalith-Kultur in der Bretagne (Frankreich) eingemeißelten Gravierungen. Mysteriöse Schild- oder kochkesselförmige Zeichen, manchmal mit einem Strahlenkranz bekrönt oder auch mit farnkraut- oder augenähnlichen Zeichen gefüllt, gelten als Symbole der „Großen Mutter". Außerdem pickte man konzentrische Halbkreise, aufgerichtete Schlangen, Beile, Krummstäbe, Joche, Wellen, Zickzacklinien, Schiffe und rätselhafte Figuren in die Grabplatten.

Zur Palette der Musikinstrumente gehörten in der Jungsteinzeit weiterhin Pfeifen aus Tierknochen, mit denen man schrille Töne erzeugen konnte. Die Bauern der Linienbandkeramischen Kultur in Mitteleuropa benutzten neben solchen Knochenpfeifen auch importierte Mittelmeermuscheln als Trompeten. Bei der Trichterbecher-Kultur, Salzmünder Kultur und Walternienburg-Bernburger Kultur in Mitteleuropa spielten mit Tierhäuten überzogene Tontrommeln eine große Rolle. Vielleicht wurden sie von Zauberern (Schamanen) bei kulturellen Handlungen, Tänzen und Totenfeiern geschlagen. In vielen Kulturen dürfte der Zauberer oder Priester fast ausschließlich mit der Ausübung kultischer Zeremonien beschäftigt gewesen sein.

Irgendwann um 3.500 v. Chr. wurde das Verkehrswesen um eine Neuerung von großer Tragweite bereichert. Zu dieser Zeit hat man die Vorteile der rollenden Bewegung von Rädern erkannt und den Wagen erfunden, vor den man in Mesopotamien Rinder und Halbesel (Onager), in Europa dagegen zunächst nur Rinder vorspannte. Diese Erfindung wurde offenbar in verschiedenen Gegenden der Erde in geringem zeitlichen Abstand gemacht. Ähnlich alt wie die frühesten Belege von Wagen in Mesopotamien sind einige Funde von Bohlenwegen, Rädern und anderen Wagenteilen in europäischen Mooren. Sie verdanken der Einbettung im Torf ihre Erhaltung. In Holland, Norddeutschland und Dänemark baute man bereits vom vierten Jahrtausend v. Chr. an in ausgedehnten Hochmoorgebieten hölzerne Bohlenwege, die so breit waren, dass Wagen darauf fahren konnten. Auf und neben solchen Bohlenwegen fand man Räder und andere Wagenteile, die nach Unfällen liegengeblieben waren.

Besonders eindrucksvolle Hinweise auf das Verkehrswesen im frühen dritten Jahrtausend v. Chr. hat der Oldenburger Archäologe Hajo Hayen (1923–1991) im Meerhusener Moor bei Aurich in Niedersachsen entdeckt. Sie lassen sich keiner

bestimmten Kultur zuordnen, weil man keine Keramikreste gefunden hat. Die aus Holzbohlen errichtete Fahrbahn über das Meerhusener Moor war mehrere Kilometer lang und bis zu vier Meter breit. Außerdem stieß man dort auf einteilige Scheibenräder, hölzerne Wagenachsen, Teile von Mitteldeichseln, Reste eines Doppeljochs, des Oberwagens und 50 Hufschalen von Rindern. Diese Reste stammen von Unglücksfällen, die sich ereigneten, wenn Scheibenräder brachen oder Rinder mit ihren Hufen zwischen Holzbohlen gerieten. Auch der etwa 700 Meter lange Bohlenweg im Gnarrenburger Moor (Kreis Rotenburg/Wümme) in Niedersachsen lässt sich mit keiner bestimmten Kultur in Verbindung bringen, sondern lediglich allgemein der Jungsteinzeit zuordnen.
Reste von ein- oder zweiteiligen Scheibenrädern in Europa aus dem dritten Jahrtausend v. Chr. beweisen die Verwendung von zwei- oder vierrädrigen Wagen zu dieser frühen Zeit. In der Schweiz kamen an einem einzigen Fundort (Zürich-Dufourstraße) drei mehrteilige Scheibenräder zum Vorschein, die von einem vierrädrigen Wagen stammen. Das vierte Rad ist verlorengegangen. In Deutschland (Bad Waldsee-Aulendorf in Südwürttemberg) wurde ein mit Hilfe von hölzernen Dübeln aus zwei Teilen zusammengesetztes Scheibenrad gefunden. 1989 gelang in Deutschland (Seekirch-Achwiesen in Baden-Württemberg) die Entdeckung von Fragmenten zweier zweiteiliger Scheibenräder. Scheibenräder hat man immer dann aus mehreren Brettern zusammengefügt, wenn keine genügend breiten Baumstämme für einteilige Räder vorhanden waren.
Aus dem vierten und dritten Jahrtausend v. Chr. liegen aus Europa etliche Darstellungen von Wagen auf Felsbildern, in Gräbern, auf Tongefäßen, als Tonmodell und einem Fall sogar als Kupfermodell vor. Diese Darstellungen sowie die Originalfunde von Rädern, Wagenteilen und Wagen deuten darauf

hin, dass in dieser Zeit in Europa zum erstenmal intensiv Wagen benutzt wurden.
Wie schon erwähnt, haben frühe Bauern bereits vor 6.000 v. Chr. mit Schiffen das Meer überquert, um aus dem Vorderen Orient nach Europa oder auf Inseln im Mittelmeer zu gelangen. Über das Aussehen dieser Wasserfahrzeuge wissen wir nichts. Sicher ist nur, dass sie groß genug sein mussten, um die Familien der bäuerlichen Kolonisten mitsamt ihrem Hab und Gut aufzunehmen. Diese Schiffe trugen keine Segel, sondern mussten mit Paddeln fortbewegt werden. In Mitteleuropa dürften vor allem die Bewohner von Seeufersiedlungen ab 4.500 v. Chr. aus dicken Baumstämmen lange Einbäume angefertigt haben. Damit konnten sie auf den Seen Fischfang betreiben und Waren oder Menschen über kurze Distanzen transportieren.
In der Jungsteinzeit verloren Tierfelle und -häute ihre Bedeutung als Rohmaterial für die Bekleidung. Die neu entwickelten Techniken des Spinnens und Webens versetzten die damaligen Menschen in die Lage Kleidungsstücke aus Schafwolle anzufertigen. Zeugen dieses Wandels sind Reste von glatt- und gemustert gewebten Stoffen aus der Seeufersiedlung von Vinelz am Bieler See und Robenhausen am Pfäffiker See in der Schweiz, Stoffstücke mit roten Farbspuren aus der Seeufersiedlung Utoquai in Zürich sowie Garnknäuel aus einer Seeufersiedlung bei Lüscherz am Bieler See.
Der Schmuck wurde im Laufe der Jungsteinzeit aus verschiedenen Materialien hergestellt und immer raffinierter gestaltet. Man fertigte Schmuckstücke aus Muschelgehäusen (*Spondylus*, *Cardium*, *Dentalium*), Kalkstein, Ton, Marmor, fossilem Holz (Gagat), Knochen, Hirschgeweih, Tierzähnen, Perlmutt oder Bernstein her. Die Menschen einiger Kulturen und Gruppen – wie beispielsweise der Hornstaader Gruppe,

Trichterbecher-Kultur, Pfyner Kultur, Wartberg-Gruppe, Walternienburg-Bernburger Kultur, Schnurkeramischen Kulturen und Glockenbecher-Kultur – kannten bereits Schmuckgegenstände aus Kupfer und Gold.
In der entwickelten Jungsteinzeit, die man in manchen Gebieten auch Äneolithikum, Chalkolithikum, Kupfersteinzeit oder Kupferzeit nennt, entwickelten die Angehörigen einiger Kulturen im Vorderen Orient und in Südosteuropa bereits erste Dolche mit flachen kupfernen Klingen und Griffen aus Holz und Geweih. Da Kupfer anfangs noch ein kostbares Metall war, konnten sich nur angesehene Persönlichkeiten solche wertvollen Waffen leisten. Sie waren wohl eine Art Statussymbol, das ihren Träger aus der Masse heraushob. Kupferdolche wurden von Kriegern der Bodrogkeresztur-Kultur (etwa 4.200 bis 3.500 v. Chr.) in Ungarn sowie der in Mitteleuropa weit verbreiteten Schnurkeramischen Kulturen und der Glockenbecher-Kultur getragen.
Wie in der vorhergehenden Mittelsteinzeit wurden auch in der Jungsteinzeit die Toten vielfach in Hockerlage mit zum Körper angezogenen Knien, als „sitzende Hocker“ und in gestreckter Körperlage bestattet. Neu waren Bestattungen in Behausungen, Anfänge der Brandbestattung in manchen Kulturen, aufwändige Großsteingräber, Kollektivbestattungen mit insgesamt bis zu 200 Toten in einem einzigen Steinkammergrab, die Tötung von Verwandten und Gefolgsleuten eines Verstorbenen sowie die riesigen Pyramiden und die Mumien in Ägypten. Die Gräber wurden im Freiland angelegt, gelegentlich aber auch in Halbhöhlen. Weiterhin üblich waren Sonderbehandlungen des Leichnams wie Kopfbestattungen, Körperbestattungen ohne Schädel, Leichenzerstückelung und Kannibalismus. Vielfach erhielten die Verstorbenen reiche Beigaben.

Bau eines Großsteingrabes.
Zeichnung: Gerhard Beuthner (1867–nach 1935), veröffentlicht in dem Erdal-Bilderbuch „Aus Deutschlands Vorzeit" (1937) von Erich Lissner (1902–1980)

Etwas völlig Neuartiges im Bestattungswesen stellten die erstmals schätzungsweise um 4.800 v. Chr. angelegten Großsteingräber (auch Megalithgräber genannt) dar. Die Erbauer der Großsteingräber haben bei der Errichtung ihrer Grabmonumente große Anstrengungen auf sich genommen. Nicht selten wogen die für Dolmen, Ganggräber, Steinkammergräber oder Menhire verwendeten Steine Dutzende von Tonnen und in Einzelfällen sogar bis zu 300 Tonnen. Solche Steinkolosse mussten manchmal über etliche Kilometer hinweg bis zum vorgesehenen Standort des Bauwerks transportiert werden. Französische Archäologen haben in einem Experiment nachgewiesen, dass 170 Männer notwendig waren, um beispielsweise einen 32 Tonnen schweren Stein auf Rundhölzern zu schieben.

Ein Vergleich der Radiokarbon-Daten west- und nordeuropäischer Megalithgräber durch den Freiburger Prähistoriker Johannes Müller im Jahre 1987 hat ergeben, dass in der Bretagne und in der Normandie schon um 4.800 v. Chr. die ersten Ganggräber errichtet wurden. Danach schuf man Ganggräber in Irland (ab etwa 3.900 v. Chr.), in der englisch-walisischen Cotswold-Severn Region (ab etwa 3.850 v. Chr.), in Schottland (ab etwa 3.700 v. Chr.), in Norddeutschland, Holland und Südskandinavien (ab etwa 3.400 v. Chr.). Auf der Iberischen Halbinsel, wo man früher die ältesten Megalithgräber vermutete, hat man offenbar spätestens ab 4.500 v. Chr. Großsteingräber erbaut, also etwas später als in der Bretagne und in der Normandie.

Eine rätselhafte Erscheinung der bretonischen Megalith-Kultur waren die zahlreichen, offenbar mit dem Totenkult in Ver-bindung stehenden Kultanlagen aus aufgerichteten Steinen (Menhire). Diese waren zu mehrreihigen Alleen (Alignements) und runden oder ovalen Umhegungen

(Cromlechs) ausgedehnter Kultplätze angeordnet. Die eindrucksvollsten Alignements sind diejenigen von Menec, Kermario und Kerlescan in der Gemeinde Carnac im Département Morbihan. Sehr häufig sind Menhire auch in den südfranzösischen Départements Gard, Aveyron, Hérault und Tarn sowie an der unteren Rhone vertreten. Dort bildeten sie jedoch keine großen Alleen, sondern stehen zumeist einzeln in Verbindung mit Gräbern. Die südfranzösischen Menhire haben oft menschliche Gesichter, Arme, einen Gürtel und tragen manchmal auch Dolche. Menhire gab es auch in anderen Gebieten Europas, beispielsweise in Italien (Ligurien), in der Schweiz, in Deutschland, in Irland und England. Oft ist ihre Zuordnung zu einer bestimmten Periode wie der Jungsteinzeit oder Bronzezeit sehr problematisch, weil so gut wie nie ein sicherer Zusammenhang zwischen Menhiren und datierbarem archäologischem Material herstellbar ist. Die meisten Prähistoriker nehmen an, dass die Sitte, steinerne Menhire aufzurichten, von den Erbauern der Megalithgräber ausging und danach in verschiedenen Kulturen bis in die Frühbronzezeit weiter gepflegt wurde. Wir wissen nicht, welche Bedeutung die rätselhaften Menhire für ihre Schöpfer hatten.

Die Religionen der Jungsteinzeit waren wahrscheinlich von der Furcht vor den Naturgewalten geprägt. Man betrachtete die gleißende Sonne, den in wechselnden Formen auftretenden Mond sowie den ohrenbetäubenden Blitz und Donner als das Werk von Göttern, die man fürchtete und anbetete. Für die Ackerbauern und Viehzüchter, aber auch für die Bewohner der ersten stadtartigen Siedlungen dürfte der Sonnengott oft eine wichtige Rolle gespielt haben. Daneben oder statt dessen gab es vermutlich häufig eine Fruchtbarkeitsgöttin und in besonders streitbaren Kulturen wohl einen Kriegsgott.

Die bäuerliche Bevölkerung der Jungsteinzeit in Europa versuchte, die Naturgottheiten durch Opfer, Beschwörungen, Zauber und kultische Darstellungen gnädig zu stimmen Dazu gehörten auch Menschenopfer und religiös motivierter Kannibalismus. Dabei gab es zahlreiche Hinweise, darauf, dass man vor allem Kinder, Jugendliche sowie junge Frauen und Männer opferte, also die Schwächsten in der Gesellschaft. Menschenopfer und Kannibalismus wurden oft in Höhlen vollzogen, weil man dort häufig die Eingänge zu den Wohnungen unterirdischer Götter vermutete.

In die zu Ende gehende Jungsteinzeit wird auch die erste Bauphase des größten prähistorischen Steindenkmals in Europa datiert: die Steinkreisanlage (Cromlech) von Stonehenge unweit von Salisbury in Südengland. Stonehenge I bestand aus einem äußeren Ringgraben mit innerem Wall und erreichte einen Gesamtdurchmesser von etwa 110 Metern. Stonehenge II und die heute noch sichtbare Anlage Stonhenge III wurden in der Frühbronzezeit errichtet. Die Konzeption dieser großartigen Anlage und die besondere Stellung einzelner Steine deuten darauf hin, dass hier zu bestimmten Zeiten im Jahreslauf – beispielsweise zur Sonnenwende – kultische Handlungen vorgenommen wurden.

Die Jungsteinzeit in Wiesbaden

Dank einer regen 150-jährigen Forschungstätigkeit waren bereits 1972 viele jungsteinzeitliche Kulturen, die man damals im Rhein-Main-Gebiet kannte, durch mehr oder weniger reiche Funde in Wiesbaden nachgewiesen. Dabei handelt es sich um die Linienbandkeramische Kultur, die Hinkelstein-Gruppe, die Rössener Kultur, die Michelsberger Kultur, die Schnurkera-

mischen Kulturen und die Glockenbecher-Kultur. Heute weiß man, dass in Wiesbaden auch die Großgartacher Gruppe, die Bischheimer Gruppe und die Wartberg-Gruppe vertreten waren.
All diese jungsteinzeitlichen Kulturen oder Gruppen waren über den ganzen Stadtbereich verbreitet. Sie reichten vom Rhein und Main bis zum Taunuskamm. Als 1972 die Publikation „Aus Wiesbadens Vorzeit“ von Karl Wurm (1911–1978) und und Helmut Schoppa (1907–1980) erschien, kannte man schon fast 90 jungsteinzeitliche Fundstellen in der hessischen Landeshauptstadt. Hinzu kamen zahlreiche Artefakte mit der Fundortbezeichnung Wiesbaden, die sich jeweils keinem bestimmten Stadtteil zuordnen lassen. Nach all diesen Funden zu schließen, sind die im Eiszeitalter entstandenen fruchtbaren Lössböden in der Wiesbadener Gegend kontinuierlich besiedelt und landwirtschaftlich genutzt worden.
Unter Löss versteht man Ablagerungen, die während kalter Abschnitte des Eiszeitalters von starken Winden in vegetationsarmen und daher nahezu ungeschützten Kältesteppen des Gletschervorfeldes gebietsweise bis zu 15 Metern hoch aufgeweht wurden. Welche Partikel erfasst und wie weit sie transportiert wurden, hing von der jeweiligen Windstärke ab. Besonders feiner Lössstaub konnte vom Wind bis zu mehrere hundert Kilometer weit transportiert werden. Lössböden sind locker, gut durchlüftet, können Wasser gut speichern und enthalten viele Nährstoffe. Deshalb bieten sie beste Bedingungen für Ackerbau.
Nahezu unmöglich ist es, ausnahmslos die Steinbeile und Geweihäxte aufzuzählen, bei denen zwar der genaue Fundort in Wiesbaden, nicht aber deren Kulturzugehörigkeit bekannt ist. In einer Fundliste des „Landesmuseums Mainz“, in die

freundlicherweise dessen Direktorin Dr. Birgit Heide einen Einblick gewährte, sind mehrere jungsteinzeitliche Flussfunde aus dem Rhein bei Kastel enthalten: ein Netzbeschwerer (Inventarnummer V4785), ein Axtfragment (V4345), eine Scheibenkeule (V4777), eine Axt (V4764) und ein Schuhleistenkeil (V4563), alle aus Stein. Netzbeschwerer (auch Netzsenker genannt) benutzte man beim Fischfang mit Netz. Scheibenkeulen gelten als Bestandteil eines Schlaginstruments mit Schaft. Schuhleistenkeile mit gewölbter Ober- und flacher Unterseite – also mit D-förmigem Querschnitt – waren ein Universalgerät für alle Holzarbeiten. Sie dienten je nach Größe und Schäftung sowohl zum Fällen von Bäumen für den Hausbau als auch zu Meißel- und Hobelarbeiten. Vielleicht benutzte man Schuhleistenkeile – wenn sie beilartig geschäftet waren – auch als Waffen. Schuhleistenkeile gab es bereits zur Zeit der Linienbandkeramischen Kultur (etwa 5500–4900 v. Chr.), aber auch in jüngeren Kulturen der Jungsteinzeit. Wie alt jeder der jungsteinzeitlichen Flussfunde aus dem Rhein bei Kastel ist, lässt sich nicht mit Gewissheit sagen. Es könnten theoretisch manchmal mehr als 4.000 Jahre, aber auch mitunter über 7.000 Jahre sein.

Auf Kasteler Funde aus der Jungsteinzeit stößt man auch bei der „PGIS-Objekt-Recherche“. Was dabei herauskommt, hat dankenswerterweise die Prähistorikerin Dr. Sabine Schade-Lindig, stellvertretende Landesarchäologin des Bundeslandes Hessen und stellvertretende Abteilungsleiterin der „hessen/Archäologie“ am Hauptsitz des „Landesdenkmalamtes für Hessen in Wiesbaden“, zusammengetragen.

Zu den frühesten Kasteler Funden aus der Jungsteinzeit gehören der tönerne Griff eines Schöpflöffels und die Steinwerkzeuge aus Silex der Michelsberger Kultur von der Fundstelle „Kastel 55“ im Dyckerhoff-Steinbruch. Diese

Objekte sind bereits vor 1940 von dem Mainzer Präparator Ferdinand Waih geborgen worden und befinden sich heute im „Landesmuseum Mainz“.
Am 16. März 1984 entdeckte ein Exkursionsteilnehmer im Dyckerhoff-Steinbruch Kastel das Nackenbruchstück eines jungsteinzeitlichen Steinbeils. Dieses lag an der Fundstelle „Kastel 40“ in der Flur Wasserrollhohl, am Südost-Rand des Dyckerhoff-Steinbruches. Der Entdecker wollte mit der Leitung des Steinbruches und der staatlichen Denkmalpflege nichts zu tun haben. Deshalb sind sein Name und sein Wohnort nicht bekannt. Irrtümlich glaubte der Mann, einen neuzeitlichen Wetzstein vor sich zu haben und schlug eine kleine Ecke ab. Am frischen Bruch erkannte der Dyckerhoff-Geologe Dr. Helmut Eisenlohr die Gesteinsart. Es war ein tiefschwarzer, feinkörniger Olivinbasalt. Der Geologe maß das Steinbeil-Fragment, ermittelte eine erhaltene Länge von 5,5 Zentimetern und ein Gewicht von 169 Gramm. Außerdem fertigte er eine Skizze an. Am 19. März 1984 informierte Dr. Eisenlohr den Wiesbadener Archäologen Dr. Eike Pachali brieflich über die Entdeckung. Das Steinbeil war in der Bohrung, in der ein Stiel angebracht werden sollte, durchgebrochen. Der seltene Fund wurde 1986 in den „Fundberichten aus Hessen“ erwähnt.
Von 2004 bis 2006 entdeckte der Archäologe Folkert Tiarks bei regelmäßigen Begehungen mit einer Metallsonde im Fundareal Petersweg in Kastel viele Funde der Römischen Kaiserzeit, aber auch kleine Mengen urnenfelderzeitlicher und jungsteinzeitlicher Keramik. Wie immer legte der gewissenhafte Sondengänger seine Funde dem „Landesamt für Denkmalpflege“ in Wiesbaden-Biebrich vor.
2009 barg man bei einer Grabung auf dem Areal eines ehemaligen römischen Kastells an der Kurt-Hebach-Straße

(Fundstelle „Kastel 10“) neben zahlreichen römischen Objekten auch einen neun Zentimeter langen und maximal 4,2 Zentimeter breiten jungsteinzeitlichen Keil oder Dechsel (Fundnummer 079901), dessen wahre Natur man aber nicht sofort erkannte. Statt Dechsel sprechen Archäologen auch von Querbeil. Im April 2011 gelangten fast alle Funde von der Kurt-Hebach-Straße und die Dokumentation hierüber an die Universität Köln zwecks wissenschaftlicher Bearbeitung im Rahmen einer Magisterarbeit.

Im Mainbett bei Kostheim wurden bereits 1897 eine Geweihaxt und 1893 Steinbeile entdeckt. In der „Sammlung Nassauischer Altertümer“, heute ein Teil des „Stadtmuseum am Markt Wiesbaden“, bewahrt man ein Steinbeil aus dem Bereich Im Sachsengraben/Im See aus Kostheim auf. In „Aus Wiesbadens Vorzeit“ (1972) werden jungsteinzeitliche Steinbeile aus Erbenheim, Bierstadt, Rambach, vom Heidenberg (Römerkastell) und vom ehemaligen Tiergarten hinter der „Platte“ aufgeführt.

Märchen über „Pfahlbauten“ am Rhein

Heimatforscher im Wiesbadener Ortsteil Kastel veröffentlichten in ihren Büchern irreführende Artikel über angebliche „Pfahlbauten“ am Rhein. 1960 fiel „Rektor in Ruhe“ Gottfried Dörr (1893–1963) in seinem Klassiker „Geschichte von Kastel“auf einen Irrtum des Zürcher Prähistorikers Ferdinand Keller (1800–1881) herein. Der Schweizer glaubte bereits 1854, die als „Pfahlbauten“ bezeichneten Seeufersiedlungen in der Schweiz seien auf einer gemeinsamen Plattform in Seen errichtet worden. Seine Ansicht fußte offenbar auf Reisebeschreibungen anderer Autoren über große pfahlgetragene

Überholte Darstellung eines 1854 am Zürichsee entdeckten Pfahlbaues aus einem Buch des Zürcher Prähistorikers Ferdinand Keller (1800–1881)

Häuser im Wasser aus dem Westen Neuguineas und von Neuseeland. Einige Jahrzehnte später kamen Zweifel daran auf, dass „Pfahlbauten" im Wasser gestanden hätten. Zu den Ersten, die das romantisch verklärte Bild der „Pfahlbauten" korrigierten, gehörte der deutsche Prähistoriker Hans Reinerth (1900–1990). Er kam nach seinen Grabungen im Federseegebiet in Baden-Württemberg zu dem Schluss, die Siedlungen seien am Ufer angelegt und nur jeweils bei Hochwasser vom See aus erreicht worden. Ungeachtet dessen schrieb Dörr, „starke Stämme" hätten ihr Eigentum hinter Wallgräben geschützt, „schwache Stämme" aber diese Riesenarbeit nicht leisten können. Deswegen suchten sie angeblich dort Schutz, wo ihnen die Natur diesen bot, Sie siedelten sich mitten im Wasser an. So entstanden angeblich bei den Rheinauen oder unweit vom Ufer „Pfahlbauten". Und weiter führte er aus: „Da es an Holz nicht fehlt, rammen sie Baumstämme in langen Reihen im flachen Wasser ein. Diese Pfähle verbinden sie oben mit Querbalken oder legen darüber dünnere oder aufgespaltene Stämme, so dass eine Plattform entsteht. Auf so eine Plattform erbauen sie ihre Hütten. Zum festen Land führt ein leicht abzubauender Steg, wenn Gefahr droht."

Ähnlichen Unsinn wie Dörr verbreitete 1989 der Heimatforscher Fritz Diehl (1924–2014) in „2000 Jahre Kastel in Wort und Bild": „Castellum nannten die Römer ihren rechtsrheinischen Brückenkopf gegenüber Mogontiacum nach der geschichtslosen Zeit, aus der uns kein Völkername überliefert wurde, sondern man sich nach Art der Werkzeuge, Schmuck oder Geräte benannte. Diese Menschengruppen zogen es meist vor, ihren Siedlungen nicht auf dem Festland, sondern im Wasser auf Pfahlbauten anzulegen, die fast ausschließlich in den Rheinauen, unmittelbar in Ufernähe lagen".

Kunsthistoriker Friedrich Klopfleisch (1831–1898).
Foto: Friedrich-Schiller-Universität Jena

Die Linienbandkeramische Kultur

Der Beginn der Jungsteinzeit mit Ackerbau, Viehzucht, Töpferei und Sesshaftigkeit wird in Deutschland durch das Auftreten der Linienbandkeramischen Kultur (etwa 5.500 bis 4.900 v. Chr.) markiert. Ihre Angehörigen gelten in vielen Teilen Mitteleuropas als die ersten Ackerbauern und Viehzüchter. Die Linienbandkeramische Kultur war von der Ukraine bis Frankreich (Pariser Becken) und von Ungarn – mit Ausnahme der Küste – bis Norddeutschland verbreitet.

Funde dieser Kultur kennt man aus Baden-Württemberg, Bayern, dem Saarland, Rheinland-Pfalz, Hessen, Nordrhein-Westfalen, dem südlichen Niedersachsen, aus Thüringen, Sachsen-Anhalt, Sachsen, Brandenburg und aus dem unteren Odergebiet. Allein in Ostdeutschland befinden sich schätzungsweise etwa 1.000 Fundstellen der Linienbandkeramischen Kultur.

Der Begriff Bandkeramik wurde 1884 durch den Kunsthistoriker Friedrich Klopfleisch (1831–1898) aus Jena eingeführt. Von Linearkeramik sprach 1902 als erster der Stadtarzt und Urgeschichtsforscher Alfred Schliz (1849–1915) aus Heilbronn. Der daraus abgeleitete Name Linienbandkeramische Kultur basiert auf der bänderartigen Verzierung der Tongefäße dieser Kultur.

Die Herkunft jener Kultur ist umstritten. Der australisch-britische Prähistoriker Vere Gordon Childe (1892–1957) vertrat 1929 die Hypothese einer ausschließlich südöstlichen Herkunft. Dabei berief er sich auf die Einflüsse des Balkans im Kult und in verschiedenen Bereichen der materiellen Kultur. Childe und andere Wissenschaftler gingen davon aus, dass die explosionsartige Zunahme der Bevölkerung die frühen Bauern gezwungen habe, neues Acker- und Weideland zu erschließen und zu diesem Zweck begrenzte Wanderungen zu unternehmen. Die einheimische jägerische Bevölkerung habe dann jeweils nach einer gewissen Zeit die neuen Errungenschaften übernommen.

Dagegen ließ der Wiener Prähistoriker Richard Pittioni (1906–1985) die ersten Bauern der Linienbandkeramischen Kultur aus einheimischen Jägern der späten Mittelsteinzeit hervorgehen und führte 1954 das Aufkommen von Ackerbau und Viehzucht in Mitteleuropa auf das günstige Klima der Nacheiszeit zurück. Eine Einwanderung aus dem Südosten Europas habe es nicht gegeben.

Ähnlich argumentierte der Berliner Prähistoriker Hans Quitta. Er nimmt an, eine noch unbekannte jägerische Bevölkerungsgruppe Mitteleuropas habe nach dem Kontakt mit früheren Bauern aus Südosteuropa Ackerbau und Viehzucht von ihnen übernommen. Ich selbst schließe mich der alten Auffassung von einer Einwanderung der ersten Bauern aus Südosteuropa an. Die Hausbauweise, der Keramikstil, der Schmuck, der Kunststil, die Bestattungsweise und die Religion der Linienbandkeramischen Kultur unterscheiden sich auffällig von den Errungenschaften der vorhergehenden mittelsteinzeitlichen Jäger, Fischer und Sammler. Linienbandkeramiker schufen eine völlig neue Welt, in der eine neue Wirtschafts- und Lebensweise, aber auch neue Werte und Glaubensvorstellungen alles verdrängten, was über Jahrtausende gewachsen war.

Die linienbandkeramischen Pioniere drangen von ihrem ursprünglichen Siedlungsgebiet auf dem Balkan entlang der Donau nach Bayern und Südwestdeutschland vor, wo einige von ihnen den Rhein erreichten und überschritten. Eine andere Einwanderungsroute führte die March aufwärts nach Nordmähren und Böhmen, dann entlang der Elbe nach Mitteldeutschland und von hier aus nach Hessen und ins südliche Niedersachsen.

Die linienbandkeramischen Einwanderer besiedelten bevorzugt die fruchtbaren Lösslandschaften, deren nährstoffreiche Böden sich besonders gut für den Ackerbau eigneten. Zunächst ließen sie sich auf den flachen Hängen entlang der Gewässer nieder und lichteten dort die Eichenmischwälder in der näheren Umgebung durch Fällen von Bäumen mit Steinbeilen oder durch Brandrodung mit Feuer. So gewannen sie Holz für den Bau von Häusern und freie Flächen für Äcker und das Vieh. Ihre Siedlungen lagen wie kleine Inseln im Waldmeer. Im Laufe der Zeit breiteten sie sich infolge des starken Bevölkerungszuwachses immer mehr aus. Bald wurde eine Bevölkerungsdichte von etwa 17 Einwohnern pro Quadratkilometer erreicht, die damit mindestens halb so hoch war wie die des 15. Jahrhunderts in Deutschland.

Die frühen bäuerlichen Kolonisatoren hatten in Deutschland ein relativ dünn von mittelsteinzeitlichen Jägern, Fischern und Sammlern sowie von La-Hoguette-Leuten besiedeltes Gebiet angetroffen. Der Begriff La-Hoguette-Gruppe wurde 1983 von dem französischen Prähistoriker Christian Jeunesse aus Strassburg geprägt. Er erkannte die Ähnlichkeit von Keramikfunden aus dem Elsass und der burgundischen Pforte (Bavans, Département Doubs) mit dem Material von La Hoguette im französischen Département Calvados in der Normandie. Dass die La-Hoguette-Leute auch in Deutschland verbreitet waren, haben 1989 die Prähistoriker Jens Lüning und Ulrich Kloos aus Frankfurt am Main sowie Siegfried Albert aus Tübingen bekannt gemacht. In ihrem Aufsatz in der Zeitschrift „Germania“ erwähnten sie 19 Fundorte von La-Hoguette-Keramik. Die meisten davon, nämlich 9, liegen in Baden-Württemberg, weitere in Rheinland-Pfalz (3), Bayern (2), Hessen (3) und

Nordrhein-Westfalen (2). Im Online-Lexikon „Wikipedia" heißt es, die La-Hoguette-Gruppe habe sich etwa um 6.500 v. Chr. von der Mündung der Rhône aus nach Norden verbreitet und etwa 300 Jahre vor der Linearbandkeramik den Rhein und seine Nebenflüsse erreicht. Im Fundgut der La-Hoguette-Gruppe ist der Anteil der Haustierknochen merklich größer als bei den Linienbandkeramikern, die wiederum mehr Ackerbau betrieben

Nach Ansicht des Prähistorikers Jeunesse handelte es sich bei den La Hoguette-Leuten um mittelsteinzeitliche Jäger und Sammler, welche den Getreideanbau übernahmen und zusätzlich zur Jagd eine Art Gartenkultur betrieben.

Es ist nicht auszuschließen, dass es bei der Landnahme der Linienbandkeramiker vereinzelt zu kriegerischen Auseinandersetzungen mit der einheimischen Bevölkerung kam. Zumeist dürften sich die Jäger, Fischer und Sammler in unwegsamere Gebiete zurückgezogen und dort das Leben von „Hinterwäldlern" geführt haben. Allmählich mehrten sich aber die Kontakte mit den Einwanderern, und die Jäger, Fischer und Sammler übernahmen deren neue Errungenschaften.

Die Entstehung der Linienbandkeramischen Kultur fiel in das Atlantikum (etwa 5.800 bis 3.800 v. Chr.). In diesem Abschnitt förderten hohe und gleichmäßige Durchschnittstemperaturen die Ausbreitung eines dichten Eichenmischwaldes mit Eichen, Linden, Ulmen und Haselnusssträuchern.

Die Linienbandkeramiker oder Bandkeramiker waren kleiner als die heutige Bevölkerung in Deutschland. Auf dem Gräberfeld von Butzbach (Wetteraukreis) in Hessen erreichten die Männer eine Körpergröße bis zu 1,71 Meter, die Frauen bis zu 1,57 Meter.

Allein der Bau eines einzigen Langhauses stellte bereits eine beachtliche Gemeinschaftsleistung dar, die viel Überlegung und handwerkliches Geschick erforderte. Noch erheblich größer war jedoch der Aufwand bei den aus Gräben und Palisaden bestehenden Schutzanlagen, die Erdwerke genannt werden. Man denke nur an das Ausheben der kreisförmigen Gräben, die einen Durchmesser von bis zu 150 Metern hatten, einige Meter breit und mehr als einen Meter tief waren. Hinzu kam das Fällen und Aufstellen von Tausenden von Baumstämmen für die Palisadenwände. Eine solche Mühsal nahm man wohl nur deswegen auf sich, weil Gefahren drohten und ein entsprechendes Schutzbedürfnis vorhanden war. Manche Prähistoriker halten solche Grabenanlagen allerdings auch für Viehkräle oder Kultplätze. Derartige Grabenanlagen der Linienbandkeramischen Kultur kennt man aus Baden-Württemberg (Bietigheim, Brackenheim, Grießen, Schwaigern), Bayern (Altdorf, Langenamming, Lautertal, Meindling, Niederpöring, Straubing-Lerchenhaid, Wallersdorf), Rheinland-Pfalz (Plaidt, Sarmsheim), Hessen (Bracht, Friedberg, Hattenheim), Nordrhein-Westfalen (Bad Sassendorf, Barmen 1, Bergheim-Glesch, Jünchen-Hochneukirch, Köln-Mengerich, Köln-Müngersdorf, Langweiler 3, 8, 9, Lohn 3, Niederzier, Rödingen), Niedersachsen (Esbeck) und Sachsen-Anhalt (Eilsleben). Manche dieser Grabenanlagen konnten nur teilweise aufgedeckt werden, andere dagegen ganz.

Eine wichtige Rolle im Kult der Linienbandkeramischen Kultur hatten menschengestaltige Tonfiguren. Untersuchungen zeigten, dass man an dem Ton dafür bei der Herstellung gelegentlich Getreidemehl beimengte. Den Grund kennt man bislang nicht. Ein Befund aus Eilsleben bei Magdeburg in Sachsen-Anhalt deutet darauf hin, dass die Tonstatuetten zusammen mit Menschen geopfert wurden. Dort hatte man in Gruben Skeletteile von zerstückelten Menschen entdeckt. Besonders bedeutungsvoll war dabei, dass sich in einer

Grube ein menschliches Bein zusammen mit einem Schädelfragment und dem Bruchstück einer menschlichen Tonfigur befand. Man hatte also neben den Menschen auch eine Tonfigur zerstückelt. Da bisher keine menschengestaltigen Figuren der Linienbandkeramischen Kultur komplett überliefert geborgen wurden, nimmt der Prähistoriker Dieter Kaufmann aus Halle/Saale an, dass diese in all den Fällen, in den keine Skelettreste vorlagen, als Ersatz für Menschenopfer dienten. Nach seiner Auffassung mussten nicht bei jeder Opferhandlung Menschen ihr Leben lassen. Dies hätte bald zum Aussterben der Linienbandkeramiker geführt.

Menschen wurden vermutlich einmal im Jahr bei einer Feier durch eine größere Gemeinschaft geopfert. Dies geschah möglicherweise an Orten, die zuvor Schauplatz unerklärlicher Naturphänomene – wie Blitzschlag, Erdbeben oder Überschwemmung – gewesen waren. Vorstellbar ist aber auch, dass die Opferhandlung dort stattfand, wo man den Sitz der unterirdischen Fruchtbarkeitsgöttin vermutete. Dort wurde dann der komplette Körper oder nur Teile desselben vergraben. Opfer eines ganzen menschlichen Körpers bzw. nur von einem Schädel, einer Hand oder einem Fuß kennt man aus Eilsleben. Das bedauerliche Opfer kam offensichtlich aus den eigenen Reihen. Vor einigen Jahrzehnten hatte man noch angenommen, die Linienbandkeramiker hätten Kopfjagden auf die letzten mittelsteinzeitlichen Jäger, Fischer und Sammler veranstaltet und aus deren Reihen die Opfer rekrutiert.

Als eindrucksvollstes Beispiel von Menschenopfern und rituell motiviertem Kannibalismus der Linienbandkeramiker galten früher die Funde aus der Jungfernhöhle auf dem Schlossberg bei Tiefenellern (Kreis Bamberg) in Bayern. Dort hatte man angeblich insgesamt 38 Menschen zu bestimmten Anlässen geopfert. Dabei dürfte es sich vor allem um Bandkeramiker handeln. Die meisten Opfer sollen Frauen, Jugendliche und Kinder gewesen sein. Man spekulierte über ein alljährlich dargebrachtes Fruchtbarkeitsopfer. Diese Menschenopfer sollten von den Bewohnern einer etwa 500 Meter von der Jungfernhöhle entfernten zeitgleichen Siedlung praktiziert worden sein. Während des Bestehens dieser Siedlung tat sich vermutlich infolge eines Felseinsturzes, dessen Trümmer bei den Ausgrabungen vorgefunden wurden, eine Kluft auf und gab Einblick in das Dunkel der darunter liegenden Jungfernhöhle. Das unheimliche Erlebnis soll vielleicht die Dorfbewohner bewogen haben, den geheimnisvollen Erdschlund, in dem man offenbar eine unterirdische Macht vermutete, durch das Opfern eines Ferkels als Kultstätte in Gebrauch zu nehmen. Die späteren Rituale, bei denen ebenfalls Tiere, aber auch Menschen geopfert worden sein sollen, fanden angeblich auf dem kleinen Plateau abseits des Felsdaches statt. Das dabei benutzte, zumeist zertrümmerte Tongeschirr, soll zusammen mit Stein-, Knochen- und Horngerät, Rötel- und Holzkohlebröckchen sowie Tier- und Menschenresten aufgesammelt und durch die ebenerdige Höhlenpforte oder durch den Kamin geworfen worden sein. Die Rötelstückchen, Reibeplättchen und -kiesel im Fundgut wurden angeblich zum Schminken des Gesichtes oder Bemalen des Körpers der an dem Ritual Beteiligten verwendet. Ob es sich bei den Opfern um Menschen aus dem nahen Dorf oder um Fremde handelte, wisse man man nicht, hieß es. Keramikreste der später auftretenden Rössener Kultur (etwa 4600 bis 4.300 v. Chr.) in der Jungfernhöhle sollen darauf hingedeutet haben, dass auch die Menschen dieser Kultur einen ähnlichen mit Menschenopfern verbundenen Kult gepflogen hätten.

Hinweise auf rituelle Tötungen von Menschen, die mit kultischem Kannibalismus verknüpft gewesen sein sollen,

Bauern und Häuser der Linienbandkeramischen Kultur.
Von Rindern gezogene Pflüge gab es erst viel später..
Zeichnung: Gerhard Beuthner (1867–nach 1935),
veröffentlicht in dem Erdal-Bilderbuch
„Aus Deutschlands Vorzeit" (1937)
von Erich Lissner (1902–1980)

kennt man angeblich auch aus der Höhle Hanseles Hohl (Kreis Donau-Ries) in Bayern sowie von den Freilandfundstellen Ober-Hörgern (Wetteraukreis) und Wiesbaden-Erbenheim, beide in Hessen, sowie von Zauschwitz (Kreis Borna) in Sachsen.

Kannibalismus soll angeblich auch im Erdwerk von Herxheim bei Landau (Pfalz) nachgewiesen worden sein. An manchen Skelettresten der insgesamt mindestens 450 Personen entdeckte man deutliche Spuren einer systematischen Zerlegung der Körper wie Heraustrennen der Wirbelsäule, Zerschlagung markreicher Knochen und das Fehlen markreicher Skelettteile. Die Funde aus Herxheim lösten einen Riesenrummel und maßlos übertriebene Schilderungen in den Medien aus. Das Hamburger Nachrichten-Magazin „Der Spiegel" beispielsweise berichtete unter der Überschrift „Die Menschenschlachter von Herxheim", in der Pfalz hätten Forscher mehr als 500 Tote gefunden, bei denen vor 7.000 Jahren das Fleisch wie bei Schlachtvieh von den Knochen geschabt worden sei. Die Ausgräber hätten den Verdacht, diese Menschen seien verspeist worden und hätten sich offenbar freiwillig geopfert. Wer den „Spiegel"'-Artikel genau las, erfuhr aber, dass ein Anthropologe lediglich Knochenstücke von mindestens zehn Menschen untersucht hatte. Herxheim wurde aber auch als zentraler Kultplatz der Linearbandkeramiker gedeutet, wohin Tote, die anderswo schon einmal bestattet waren, gebracht und noch einmal beigesetzt wurden. Solche Fälle bezeichnet man als Sekundärbestattung. Außerdem spekulierte man über ein gewaltsames Massaker mit vielen Todesopfern.

Menschenopfer in Erbenheim?

Als der Studienrat i. R. Karl Wurm 1972 über die vorgeschichtliche Besiedlung im Raum Wiesbaden berichtete, kannte man in der hessischen Landeshauptstadt bereits mehr als 20 Fundorte mit Resten von Siedlungen und Gräbern der Linienbandkeramischen Kultur. Offenbar breitete sich diese bäuerliche Kultur nur auf den mit fruchtbarem Lössboden bedeckten Flächen aus. Der Gebirgsraum und das Rheinufer blieben siedlungsfrei. Eine der größten Siedlungen befand sich an der Waldstraße im Gebiet der Sandgrube Dauer und Dormann in Wiesbaden-Biebrich. Die Fundstelle lag im Bereich des Sportplatzes „Rheinhöhe" (ehemals „Rheinblick"). Dort wurden zu Beginn des 20. Jahrhunderts wiederholt Siedlungs- und Grabfunde der Linienbandkeramischen Kultur entdeckt. Beim Abbau von Sand in der Grube stieß man auf Siedlungs-gruben mit Keramik vom Flomborner Stil und mindestens 15 bis 18 erhaltene Hockergräber. Eventuell waren es aber auch mehr. Alle Verstorbenen wurden auf der linken Körperseite liegend zur letzten Ruhe gebettet. Als Grabbeigaben dienten oft Schuhleistenkeile zur Holzbearbeitung sowie verzierte und unverzierte Tongefäße. Durchbohrte und undurchbohrte Muscheln waren Teile von Schmuckstücken. Eine Henkelöse an einem nicht mehr erhaltenen großen Tongefäß stellte vermutlich einen Stier dar.

Der Wiesbadener Archäologe Heinz-Eberhard Mandera (1922–1995) berichtete 1959 in den „Nassauischen Annalen" über eine jungsteinzeitliche Kleinplastik (die mutmaßliche Stierdarstellung) und 1963 in den „Fundberichten aus Hessen" über linienbandkeramische Bestattungen aus Biebrich. Im zweiten Quartal 1903 wurde erstmals der Inhalt eines Grabes von Biebrich in die „Sammlung Nassauischer Altertümer zu Wiesbaden" eingeliefert. Dazu gehörten eine 12,9 Zentimeter hohe und maximal 13,6 Zentimeter breite Butte (Flasche) mit dreilinigem Spiralband, ein 10,1 Zentimeter langer, teilweise graugrüner und schwarzblauer Schuhleistenkeil aus Kieselschiefer mit Abnutzungsspuren und ein in zwei Teile zerbrochener menschlicher Unterkiefer. Im dritten Quartal 1903 entdeckte man in Biebrich mehrere Bestattungen mit verzierten und unverzierten Tongefäßen, Schuhleistenkeilen, Rötelstücken zum Färben sowie aus Muscheln und Knochen hergestellten Halsketten. In einem der damals gefundenen Gräber befanden sich die Hände des Verstorbenen vor dem Gesicht oder zumindest in dessen Höhe. Zu den Erwerbungen der „Sammlungen Nassauischer Altertümer zu Wiesbaden" im vierten Quartal 1903 zählte ein 11 Zentimeter hohes bauchiges Gefäß aus einem Biebricher Grab.

Im Verwaltungsbericht des ersten Quartals 1904 führte Emil Ritterling (1861–1928), der damalige Direktor des „Landesmuseums Nassauischer Altertümer" in Wiesbaden, die Untersuchung weiterer „meist freilich zerstörter Gräber" aus Biebrich auf. Die darin vorgefundenen Skelette waren „fast durchweg so mürbe, daß sie beim Herausnehmen zerfielen". Beigaben erwähnte Ritterling nicht. Entweder gab es keine oder sie konnten nicht mehr sichergestellt werden. Der Sandgrubenbesitzer Dormann schenkte der Wiesbadener Sammlung im ersten Quartal 1904 zwei Flachkeile „aus früher zerstörten Gräbern". Einer davon aus graugrünlicher Grauwacke hatte eine Länge von 8,1 Zentimetern, der andere aus blauschwarzem Kieselschiefer erreichte 12,3 Zentimeter Länge. Im Verwaltungsbericht für das zweite Quartal 1904 erwähnte Ritterling „wieder einige Gräber" aus Biebrich,

Emil Ritterling (1861–1928),
ehemaliger Direktor
des „Landesmuseums Nassauischer Altertümer“ in Wiesbaden.
Foto: Porträt vor 1928

nannte aber im Erwerbungsbericht als Grabfund nur „ein schwarzes Gefäß von dem Typus der Spiralmäanderkeramik". Dabei handelte es sich um einen 8,8 Zentimeter hohen Kumpf aus grauem Ton mit drei gleichartigen Ornamenten, die am ehesten an gegenübergestellte, flüchtig eingeritzte E-Buchstaben erinnern.

In der Folgezeit kamen in der Sandgrube von Dormann und Dauer noch einige Hinterlassenschaften der Linienbandkeramischen Kultur zum Vorschein. 1906 gelangte zusammen mit Bruchstücken von Steingeräten ein Tierkopfhenkel aus Biebrich in das Wiesbadener Museum. Gräber der Linienbandkeramischen Kultur beobachtete man aber mehr als zwei Jahrzehnte lang nicht mehr. Erst 1927 wurde bei Rodungsarbeiten im Bereich der Waldstraße in Biebrich ein weiteres linienbandkeramisches Grab entdeckt. Die darin liegenden menschlichen Skelettreste warf man bereits bei der Auffindung weg. Vermutlich gehörten auch diese Funde zu dem Friedhof, in dem man vorher auf Gräber gestoßen war.

Eine größere Siedlung der Linienbandkeramischen Kultur befand sich im Gebiet des heutigen Stadtkerns von Wiesbaden. Sie erstreckte sich zwischen dem Bismarckring und der Schwalbacher Straße in West-Ost-Richtung sowie zwischen der Dotzheimer Straße und der Adelheidstraße in Nord-Süd-Richtung, vielleicht aber auch über den Ring hinaus bis zur Schiersteiner Straße.

Reiche Funde der Linienbandkeramischen Kultur glückten bei einer Grabung am 12. September 1936 auf einem Acker von Wilhelm Kugler bei Wiesbaden-Delkenheim. Eine Siedlungsgrube enthielt acht verzierte Randscherben, 34 unverzierte Randscherben, etwa 20 verzierte Wandscherben, eine verzierte Wandscherbe mit Schnuröse, rund 250 unverzierte Wandscherben, 23 Wandscherben mit Griffwarzen, Napfwarzen,

Grifflappen und Schnurösen, zwei Bodenstücke, sieben Bruchstücke von Feuersteinklingen, den Schneidenteil eines Flachbeils aus Grünschiefer, den Nackenteil eines Steinbeils, sechs Reib- und Mahlsteinfragmente aus Sandstein, Knochen und Hüttenlehm.

Zahlreiche Funde der Linienbandkeramischen Kultur kamen im März und April 1937 beim Bau der Autobahn bei Wiesbaden-Breckenheim in Siedlungsgruben ans Tageslicht. Über diese Hinterlassenschaften berichtete 1975 der Wiesbadener Studienrat i. R. Karl Wurm in einem Manuskript über „Die vorgeschichtlichen Funde und Geländedenkmäler des Main-Taunus-Kreises und der westlichen Frankfurter Vororte". Zum Fundgut gehörten viele verzierte und unverzierte Randscherben und Wandscherben von Tongefäßen sowie Hüttenlehmbrocken.

Weitere linienbandkeramische Fundstellen in Wiesbaden sind: in Biebrich die Ziegelei Fehr, die Biebricher Siedlung Gräselberg und die Auffahrt zum Rhein-Main-Schnellweg, in Erbenheim die Tongruben Günsch und Merten sowie der ehemalige Autobahn-Verkehrskreisel.

Innerhalb des Stadtgebietes liegen die linienbandkeramischen Hockergräber vom Wiesbadener Südfriedhof. Sie kamen bei der Bergung von Bestattungen aus der mittelbronzezeitlichen Hügelgräber-Bronzezeit (etwa 1.600 bis 1.300/1.200 v. Chr.) zum Vorschein.

1978 wurden beim Straßenbau in Wiesbaden-Erbenheim (Tillpetersrech) eine Siedlung mit Langhäusern, Gruben, acht Einzelgräbern und einem Massengrab der Linienbandkeramischen Kultur oder Hinkelstein-Gruppe entdeckt. Das Massengrab befand sich in der länglichen „Grube 46". Darin lagen wild durcheinander etwa 250 Knochenfragmente von mindestens 13 Menschen unterschiedlichen Alters und Ge-

schlechts. Es handelte sich um drei Männer, zwei Frauen, sechs Kinder und Personen, deren Geschlecht nicht identifiziert werden konnte. Die Knochen der Bestatteten stammen vor allem von der rechten Körperseite. Teilweise sind die Enden der Gelenke aufgeschlagen, was geschehen sein könnte, um das Knochenmark zu entnehmen und zu verzehren. Ob man die achtlos hinterlassenen Knochenreste tatsächlich als Zeugnisse für Kannibalismus oder Menschenopfer deuten kann, ist sehr umstritten. Spekuliert wird über Krieg oder Gefangennahme. Es könnte sich auch um sekundäre Bestattungen handeln, bei denen man Skeletteile von nach dem Tod beerdigten Verstorbenen nach gewisser Zeit in der erwähnten Grube erneut bestattet hat. Weil die rätselhaften Bestattungen in „Grube 46" von Wiesbaden-Erbenheim ohne Beigaben erfolgten, ist ihre Zugehörigkeit zur Linienbandkeramischen Kultur oder Hinkelstein-Gruppe nicht völlig klar. Die Archäologin Christine Peschel hat 1984 die Magisterarbeit „Eine bandkeramische Siedlung bei Wiesbaden-Erbenheim" abgeschlossen.
Zum Fundgut aus Wiesbaden-Erbenheim gehören Schalen von Fluss- und Teichmuscheln, Geräte aus Knochen, Geweih und Stein, Pfeilspitzen, Keramik sowie Idolfragmente aus Ton. Pfeilspitzen der Linienbandkeramischen Kultur barg man auch in Bierstadt (ein Exemplar) und Igstadt (zwei Exemplare).
Als seltener Fund gilt das Fragment eines hohlen Tonidols aus Wiesbaden-Igstadt. Unsicher ist, ob ein in Wiesbaden-Erbenheim entdecktes Tonmodell eines Einbaumes aus der Linienbandkeramischen Kultur stammt. Einbäume und Paddel sind durch Funde bereits aus der Mittelsteinzeit bekannt.
In zwei bereits 1891 untersuchten vorgeschichtlichen Gruben an der Mainzer Straße in Wiesbaden lagen Scherben der Linienbandkeramischen Kultur sowie der zeitlichen jüngeren

Hinkelstein-Gruppe, Rössener Kultur und Michelsberger Kultur. In allen Fällen handelte es sich um Siedlungsreste. Die heutige Mainzer Straße hieß ab dem 16. Jahrhundert noch Mühlweg, ab 1830 Kassler Weg, ab 1850 Mainzer Landstraße und später Mainzer Straße. Die beiden letzteren Namen erinnern daran, dass diese Straße nach Mainz führt.
In der Publikation „Aus Wiesbadens Vorzeit" (1972) von Karl Wurm (1911–1978) und Helmut Schoppa (1907–1980) werden Fotos von Resten linienbandkeramischer Tongefäße aus der hessischen Landeshauptstadt gezeigt. Dabei handelt es sich um den verzierten Boden eines Kumpfes von der Rheinstraße und um die verzierte Scherbe eines Kumpfes von der Lahnstraße. Wurm war Oberstudienrat i. R. und Ehrendoktor in Wiesbaden. Er stellte mehr als 20 Jahre lang viel Kraft, Zeit und Geld in den Dienst der Vor- und Frühgeschichte. Dabei unterstützte ihn seine Ehefrau Gertrude, welche die meisten seiner Manuskripte schrieb. Schoppa fungierte ab 1955 als Leiter des hessischen „Landesamtes für kulturgeschichtliche Altertümer", des Vorläufer des heutigen „Landesamtes für Denkmalpflege Hessen", von 1967 bis 1972 als erster Landesarchäologe von Hessen, von 1955 bis 1972 als ehrenamtlicher Leiter der „Sammlung Nassauischer Altertümer" in Wiesbaden und ab 1962 als Honorarprofessor an der „Universität Marburg".
Im Zusammenhang mit Siedlungsresten stieß man in Wiesbaden-Dotzheim an der Erich-Ollenhauer-Straße auf eine Hockerbestattung. Das Skelett befand sich in einer Grube, deren Nordseite mitsamt Schädel und Teilen des linken Arms bereits abgegraben gewesen ist. Der Kopf war im Norden, die Füße lagen im Süden. Unterhalb der Bestattung beobachtete man Hüttenlehmbrocken. Wenige Scherbenfunde deuten darauf hin, dass diese Bestattung aus einem späten

Abschnitt der Linienbandkeramischen Kultur, vielleicht auch der Hinkelstein-Gruppe stammte. Hierüber erschien 1973 ein Artikel in „Fundberichte aus Hessen".
Der ab 1938 in Wiesbaden bei der „Chemischen Fabrik Kalle" arbeitende Journalist Erich Lissner (1882–1980) bezeichnete im Erdal-Bilderbuch „Aus Deutschlands Vorzeit" (1937) die Angehörigen der Linienbandkeramischen Kultur als „Volk der Bandtöpfer". Er gab auch anderen jungsteinzeitlichen Kulturen Namen, die sich nicht durchsetzten.

Wormser Arzt und Heimatforscher Karl Koehl (1847–1929). Foto: Aufnahme vor 1929

Die Hinkelstein-Gruppe

In Südwestdeutschland ging aus der Linienbandkeramischen Kultur die Hinkelstein-Gruppe (etwa 4.900 bis 4.800 v. Chr.) hervor. Sie war hauptsächlich in Teilen von Baden-Württemberg, Rheinland-Pfalz und Hessen verbreitet. Als Kerngebiete dieser Gruppe gelten die Gegend am Mittel- und Unterlauf des Neckars in Baden-Württemberg sowie das Gebiet von Rheinhessen zwischen Ludwigshafen im Süden sowie den Flüssen Rhein und Nahe im Norden von Rheinland-Pfalz. Die Hinkelstein-Gruppe wurde als eine mit der Stichbandkeramischen Kultur verwandte Erscheinung betrachtet.
Der Begriff Hinkelstein-Gruppe geht auf den Arzt und Heimatforscher Karl Koehl (1847–1929) aus Worms zurück, der 1898 den Ausdruck Hinkelsteintypus vorschlug. Dieser Name erinnert an das 1866 beim Roden eines Feldes zur Anlage eines Weinberges in Monsheim (Kreis Alzey-Worms) im Gewann Hinkelstein entdeckte Gräberfeld. Dort stand ursprünglich ein überlebensgroßer Menhir mit einer Höhe von neun Fuß sowie einer Dicke von vier Fuß und drei Zoll. Kurz vor der Rodung des Geländes hob man den Menhir aus und brachte ihn in den Hof des Schlosses von Monsheim, wo er heute noch steht. Die Funde aus Monsheim-Hinkelstein wurden durch den Mainzer Prähistoriker Ludwig Lindenschmit (1809–1893) untersucht und 1868 beschrieben. Laut Lindenschmit hat man den Menhir zunächst als Hünenstein, dann als Hünerstein und schließlich entsprechend der Mundart als Hinkelstein bezeichnet.
Die Hinkelstein-Leute unterschieden sich anatomisch nicht von anderen Abkömmlingen der Linienbandkeramiker. Die Männer erreichten manchmal eine Körpergröße bis zu 1,75

Meter – wie ein Skelettfund aus Offenau (Kreis Heilbronn) in Baden-Württemberg zeigt – und die Frauen bis zu 1,60 Meter. Mitunter fand man auch die Skelette von kleinwüchsigen Menschen. So war eine der beiden Frauen unter den fünf Bestattungen von Ditzingen (Kreis Böblingen) in Baden-Württemberg höchstens 1,40 Meter groß.

Untersuchungen der Skelettreste vom Gräberfeld Trebur (Kreis Groß-Gerau) in Hessen zeigten, dass in dieser Gegend etwa ein Drittel der Frauen bereits zwischen dem 20. und 30. Lebensjahr starb. Ursache hierfür waren vor allem schwere körperliche Arbeit und Komplikationen bei der Geburt. Von den Männern ereichten 40,5 Prozent ein Alter über 50 Jahre, von den Frauen nur knapp ein Viertel. Ein 20-jähriger Hinkelstein-Mann konnte damit rechnen, 45,8 Jahre alt zu werden. Eine gleichaltrige Frau hatte nur eine Lebenserwartung von knapp 39 Jahren.

Die Hinkelstein-Gruppe unterscheidet sich durch eine große Zahl an Schmuckstücken von der vorhergehenden Linienbandkeramischen Kultur. Bekannt sind unter anderem Hals-, Arm- und Beinketten, Arm- und Beinreifen, Anhänger sowie roter Farbstoff für Schminkzwecke. Schmuck war vor allem bei Frauen beliebt. Als Bestandteile von Ketten dienten formschöne Muschel- und Schneckenschalen sowie durchbohrte Eber- und Hirschzähne.

Die Hinkelstein-Leute bestatteten ihre Toten unverbrannt in flachen Erdgräbern. In der Regel wurden die Verstorbenen in gestreckter Rückenlage sowie mit ausgestreckten Armen und Beinen zur letzten Ruhe gebettet. Damit und durch reichere Beigaben unterschieden sie sich von den Bestattungen ihrer Vorgänger, die eine Hockerstellung bevorzugten.

Das bisher größte Gräberfeld der Hinkelstein-Gruppe wurde 1988 und 1989 in Trebur (Kreis Groß-Gerau) in Südhessen aufgedeckt. Dort kamen bei Grabungen der Außenstelle Darmstadt der Denkmalpflege Hessen unter der Leitung des Prähistorikers Holger Göldner insgesamt mehr als 120 Gräber zum Vorschein. Davon werden etwa zwei Drittel der Hinkelstein-Gruppe und ein Drittel der zeitlich folgenden Großgartacher Gruppe zugerechnet.

Die Treburer Hinkelstein-Leute betteten ihre Verstorbenen allesamt so zur letzten Ruhe, dass deren Kopf im Südosten lag und die Füße nach Nordwesten wiesen. Bei einen Teil der Toten wurde der Oberkörper, manchmal aber auch der Kopf oder die Beine, mit Rinderrippen abgedeckt. Das Motiv hierfür kennt man nicht. Ein Hinkelstein-Mann ruhte auf einem kopflosen Haustier, vermutlich einem Schaf oder einer Ziege. Eine Bestattung von Offenau (Kreis Heilbronn) in Baden-Württemberg fällt durch ihre ungewöhnlich reichen Beigaben aus dem Rahmen des Üblichen. Außer einer Halskette mit Hirschschneidezähnen sowie einem Rötelstein und einer Schminkplatte hatte man diesem Mann auch etwa 50 Hornzapfen von meist jugendlichen Ziegen oder Schafen mit ins Grab gelegt. Diese Trophäen reichten vom Kopf bis zur rechten Hälfte der Leiche, bei der es sich wohl um einen Menschen handelte, der zu Lebzeiten eine besondere gesellschaftliche Stellung innehatte.

2009 löste der Beitrag mit der spannenden Überschrift „Die Hinkelstein-Gruppe – Kulturgruppe – Sekte? – Phantom“ von Jan Christoph Breitwieser eine interessante Diskussion aus. Man fragte sich, ob die Hinkelstein-Gruppe nur eine kurzfristige Übergangserscheinung sei, die wie eine Sekte für eine neue Bestattungssitte eingetreten sei. Es könnte sich um eine andere Gesellschaftsform, eine Art Subkultur gehandelt haben, die gegenüber Fremden aufgeschlossener gewesen sei als die traditionsgebundenen Bandkeramiker.

Frau aus der Zeit der Hinkelstein-Gruppe.
Zeichnung: Fritz Wendler (1941–1995)
für das Buch „Deutschland in der Steinzeit" (1991)
von Ernst Probst

Hinkelstein-Leute in Wiesbaden

1891 entdeckte man – wie erwähnt – bei der Untersuchung von zwei vorgeschichtlichen Gruben an der Mainzer Straße in Wiesbaden Scherben der Linienbandkeramischen Kultur, Hinkelstein-Gruppe, Rössener Kultur und Michelsberger Kultur. 1936 wurden in Erbenheim Scherben der Hinkelstein-Gruppe und Rössener Kultur gefunden. Ebenfalls 1936 barg man in der Sandgrube von Heinrich Koch bei Delkenheim Scherben der Hinkelstein-Gruppe. Jener Fundort lag etwa 100 Meter von einer Fundstelle der Michelsberger Kultur entfernt, die im Dezember 1935 untersucht wurde. Die Scherbenfunde der Hinkelstein-Gruppe bewahrte man zunächst in der „Sammlung Schwabe“ in Hochheim auf, später im „Museum Hochheim“, wo sie verschollen sind.

Zur Hinkelstein-Gruppe könnten auch die 1978 beim Straßenbau entdeckten unsicher datierten Siedlungsreste und Bestattungen ohne Beigaben von Wiesbaden-Erbenheim (Tillpetersrech) gehören. Wie erwähnt, stieß man auf acht Einzelbestattungen und in einer länglichen Grube auf ein Massengrab von mindestens 13 Menschen. Es wird spekuliert, die achtlos weggeworfenen Knochenreste seien Zeugnisse für Kannibalismus oder Menschenopfer. Auch über Krieg, Gefangennahme und sekundäre Bestattungen von Skelettteilen irgendwann nach der ursprünglichen Beerdigung hat man diskutiert.

1999 entdeckte ein Hobby-Archäologe in Wiesbaden-Kloppenheim zufällig beim Hausbau auf einem Acker typische Keramikreste der Hinkelstein-Gruppe. Bei einer anschließenden Versuchsgrabung des Frankfurter Prähistorikers Jens Lüning legte man schmale, rund zwei Meter tiefe Gruben frei, aus denen einst der für die Errichtung von Häusern benötigte Lehm entnommen wurde. Zeitungen berichteten Anfang Januar 2000, für Lüning ginge es jetzt darum, den Ort des Dorfes selbst zu finden. Doch um danach suchen zu können, bräuchte er 120. 000 Mark. So viel koste nach seiner Berechnung eine zwei Monate dauernde Grabung mit zehn Mitarbeitern.

Eine Hockerbestattung in Wiesbaden-Dotzheim an der Erich-Ollenhauer-Straße könnte ebenfalls zur Hinkelstein-Gruppe zählen.

Längliche Pfeilschaftglätter aus Sandstein mit einer Rille, wie man sie aus Trebur und Weilbach kennt, barg man bisher an Fundstellen der Hinkelstein-Gruppe in Wiesbaden nicht. In Trebur lag ein solches Gerät, das als Hinweis für Fernwaffen gilt, zusammen mit zwei Schuhleistenkeilen zur Holzbearbeitung in einem Frauengrab. Es sei nicht verschwiegen, dass man Pfeilschaftglätter auch als Geräte für die Herstellung von Knochenartefakten, Lederriemen oder Ruten von Flechtkörben gedeutet hat.

Die Bogenschützen der Hinkelstein-Gruppe bewehrten ihre hölzernen Pfeilschäfte nicht mit dreieckigen Pfeilspitzen, sondern mit Querschneidern. Dies war bereits dem Wormser Arzt und Heimatforscher Karl Koehl aufgefallen, der 1898 den Begriff Hinkelstein-Typus prägte.

Wenn ich das Wort Hinkelstein-Gruppe oder Hinkelstein-Kultur lese oder höre, fällt mir immer sofort eine Begebenheit ein, als ich in den 1980er Jahren als junger Journalist in meiner Freizeit populärwissenschaftliche Artikel über neue Entdeckungen schrieb. Einmal schickte ich einen kurzen Text über einen interessanten Neufund der jungsteinzeitlichen Hinkel-stein-Gruppe an die Wissenschaftsredaktion der Wochenzeitung „Die Zeit“ in Hamburg. Daraufhin rief mich ein „Zeit“-Redakteur an und erklärte, eine Hinkelstein-Gruppe oder Hinkelstein-Kultur habe es nie gegeben. Meine Erklärung, der Name Hinkelstein-Gruppe oder Hinkelstein-Kultur habe nichts mit den „Hinkelsteinen“ (Menhiren) der Comic-Helden Asterix und Obelix zu tun, sondern mit einem Gewann Hinkelstein im rheinhessischen Monsheim, interessierte den Redakteur nicht. Der betreffende Text erschien nicht in der renommierten „Zeit“.

Arzt und Urgeschichtsforscher Alfred Schliz (1849–1915).
Foto: Städtische Museen, Heilbronn

Die Großgartacher Gruppe

Ebenfalls mit der Stichbandkeramischen Kultur verwandt gilt die Großgartacher Gruppe (etwa 4.800 bis 4.600 v. Chr.) Sie war in Teilen von Baden-Württemberg (Neckarland, Hegau), Bayern (Nördlinger Ries, Unterfranken), Rheinland-Pfalz (Pfalz, Rheinhessen), Hessen (Main-Mündungsgebiet, Wetterau, Nordhessen), Nordrhein-Westfalen und im Elsass beheimatet.
Den Begriff Großgartacher Gruppe hat 1901 der Arzt und Urgeschichtsforscher Alfred Schliz (1849–1915) aus Heilbronn vorgeschlagen. Er basiert auf Funden aus der Siedlung von Großgartach (Kreis Heilbronn) in Baden-Württemberg. Die Großgartacher Gruppe wird als Vorläuferin der Rössener Kultur betrachtet. Statt der Bezeichnung Großgartacher Gruppe findet man in der älteren Fachliteratur auch die Synonyme Südwestdeutsche Stichkeramik oder Jungrössen.
Die Großgartacher Leute lebten in Einzelgehöften, unbefestigten oder mit Gräben und Palisaden befestigten Dörfern. Nach Erkenntnissen von Prähistorikern wohnten nun in Häusern mehrere Familien. In der namengebenden Siedlung Großgartach entdeckte man Lehmbrocken mit geglätteter Oberfläche, auf die bunte Zickzackmuster aufgemalt waren. Demnach haben die einstigen Bewohner vermutlich die Innenwände ihrer Behausungen farbig ausgeschmückt. Als Baumaterial für die Häuser dienten Baumstämme für das tragende Gerüst, Lehm und Ruten für das Flechtwerk der Außenwände sowie Schilf oder anderes Abdeckmaterial für das Dach.
Mancherorts stieß man auf Reste von ausgedehnten Befestigungen. So fand man beispielsweise an der Fundstelle Langweiler 12 (Kreis Düren) auf der Aldenhofener Platte in

Nordrhein-Westfalen eine noch teilweise erhaltene Grabenanlage. Es handelt sich um einen Grabenhalbkreis von 136 Meter Länge, dessen offene Seite zu einem Oval von etwa 75 bis 100 Metern zu ergänzen sein dürfte. Der Graben ist 0,50 bis 1,80 Meter breit und 0,30 bis 1,10 Meter tief. Die Grabenwände wurden steil gestaltet, die Grabensohle war flach. An der talwärts gerichteten Ostseite des Grabenteilstückes stellte man drei Unterbrechungen von 3,50, 4,50 und 2 Meter Breite fest, die wohl als Durchlässe dienten. Im Abstand von zwei bis vier Meter hinter dem Graben hatte man einst eine Palisadenreihe errichtet, die als Schutz vor eventuellen Angreifern gedacht war. Im Innern der Grabenanlage konnte man keine Gebäudereste beobachten. Dagegen barg man aus Gruben vor dem Graben Reste von Tongefäßen der Großgartacher Gruppe, die von einer ehemaligen Besiedlung zeugen.
Funde aus Siedlungen und Gräbern der Großgartacher Gruppe dokumentieren eine Vorliebe für Schmuck aus durchbohrten Eberhauern. In Gräbern wurden solche Schmuckstücke auf der Brust oder paarig am Oberarm des Toten angetroffen. Vielleicht handelte es sich um Besatzteile der Kleidung oder um Anhänger. Der Eberhauerschmuck ist zudem ein Hinweis dafür, dass mitunter Wildschweine gejagt wurden.
Typische Tongefäße der Großgartacher Gruppe sind der Knickbecher, der Fußbecher, die Zipfelschale und das Schiffchen. Die Gefäße wurden mit Stichreihenbändern, aber auch Doppelstich, Girlanden und Wolfszahnmustern in stark aufgelockerter Anordnung verziert. Manchmal brachte man auf der Außenseite Ösen, Knubben oder Zipfel an.
Als eine Übergangserscheinung zwischen der Großgartacher Gruppe und der folgenden Rössener Kultur gelten die Tongefäße der Planig-Friedberg-Gruppe. Sie besitzen sowohl

Kennzeichen der Großgartacher Gruppe als auch der Rössener Kultur. Den Namen Planig-Friedberg-Gruppe hat 1938 der damals in Marburg studierende Prähistoriker Amin Stroh (1912–2002) geprägt. Er erinnert an die Fundorte Planig (Kreis Bad Kreuznach) in Rheinland-Pfalz und Friedberg (Wetteraukreis) in Hessen. Charakteristisch für diese Keramik ist die flächendeckende teppichartige Stichverzierung.

Die Töpfer der Großgartacher Gruppe und der Planig-Friedberg-Gruppe formten unter anderem auch merkwürdige Traggefäße, die einer in Ton nachgeahmten Tasche aus Leder gleichen. Je ein solches Gefäß wurde in Eberstadt (Wetteraukreis) und bei Ammerbuch-Reusten (Kreis Tübingen) entdeckt. Ersteres wird in die Großgartacher Gruppe datiert, letzteres in die Planig-Friedberg-Gruppe. Das besonders gut erhaltene Tongefäß von Ammerbuch-Reusten besaß keinen Standboden, dafür jedoch eine Aufhängevorrichtung, die auf einen Transport am Körper hindeutet, sowie eine ovale Mündung mit ausladendem Rand. Die Bodenlänge des Traggefäßes misst 22,5 Zentimeter, die Höhe maximal 11,5 Zentimeter und der Mündungsdurchmesser 17,8 mal 16 Zentimeter. Die 0,6 Zentimeter starke Wandung ist steil geformt. An den Schmalseiten endet sie in zwei zipfelförmigen Spitzen. Knapp vier Zentimeter unter dem Rand des Traggefäßes im Bereich der Rand- und Schulterverzierung befinden sich drei horizontal angebrachte Ösen, zwei an den Längsseiten, eine in der Mitte der gegenüberliegenden Seite. Durch diese Ösen fädelte man die Tragschnüre. An der dem Körper zugewandten Seite sind Abnutzungsspuren zu erkennen. Ähnliche ovale Traggefäße kennt man auch von anderen jungsteinzeitlichen Kulturstufen.

Die Großgartacher Leute haben ihre Verstorbenen meist unverbrannt einzeln oder in Gruppen bestattet. Ein größeres

Gräberfeld wurde – wie erwähnt – in Trebur (Kreis Groß-Genau) in Hessen entdeckt. Dort hat man 1988/1989 mehr als drei Dutzend Bestattungen der Großgartacher Gruppe freigelegt. Die in Trebur zur letzten Ruhe gebetteten Verstorbenen lagen gestreckt auf dem Rücken. Nur in seltenen Fällen waren die Beine leicht zum Körper hin angezogen. Anders als bei der zeitlich vorangegangenen Hinkelstein-Gruppe richteten die Großgartacher Leute von Trebur die Bestattungen nicht mehr akkurat in Südost-Nordwest-Richtung aus. Der Kopf befand sich häufig im Nordwesten. Vereinzelt hat man Tote auch verbrannt. Ein Teil der Beigaben in Gräbern der Großgartacher Gruppe belegt den Glauben an das Weiterleben nach dem Tode.

Steinzeithund in Dotzheim

1921 glückten in Wiesbaden-Dotzheim Siedlungsfunde der Großgartacher Gruppe. Dabei handelte es sich um einige Tonscherben sowie um Tierknochen vom Schwein und Hund. Die Hunde der Ackerbauern und Viehzüchter aus der Jungsteinzeit waren kleiner als jene der Jäger, Sammler und Fischer aus der vorhergehenden Mittelsteinzeit. Vielleicht diente der Hund aus Dotzheim als Wachhund, Jagdhelfer, Hütehelfer oder „lebender Fleischvorrat“ in Notzeiten. Die Deutung als Wach- oder Hütehund beruht darauf, dass auf nahezu 55 Prozent der Fundplätze mit Hunderesten aus der älteren und mittleren Jungsteinzeit auch Schaf- und Ziegenknochen nachgewiesen sind.

Wie an Fundplätzen der vorhergehenden Hinkelstein-Gruppe hat man bisher auch an Fundstellen der Großgartacher Gruppe in der Wiesbadener Gegend keine Reste von erlegten

Wildpferden und Auerochsen geborgen. Vielleicht haben die Hinkelstein-Leute und Großgartacher Leute bewusst keine Wildpferde und Auerochsen gejagt. Nach Ansicht mancher Prähistoriker könnte dies mit einem Tabu zusammenhängen. Ausgewachsene Wildpferde hatten damals eine Widerristhöhe zwischen 1,20 und 1,35 Meter.

In Wiesbaden-Bierstadt entdeckte man in Wohngruben tönerne Scherben, Bruchstücke von Steinbeilen, Silexklingen, zwei Flussmuscheln und Reibsteine der Großgartacher Gruppe. Diese Funde wurden 1940 im „Bericht der Römisch-Germanischen Kommission" der Südwestdeutschen Stichkeramik zugeschrieben, wie der Prähstoriker Walther Bremer (1887–1925) die Großgartacher Gruppe genannt hatte. Entweder von der Großgartacher Gruppe oder der Rössener Kultur stammt eine tönerne Wanne aus Biebrich. Eine Füßchenschale ohne Handhaben der späten Großgartacher Gruppe oder frühen Rössener Kultur barg man in Erbenheim.

Erbenheim ist auch der Fundort einer steinernen Pfeilspitze der Großgartacher Gruppe. Die Großgartacher Leute bewehrten ihre hölzernen Pfeilschäfte nicht mit Querschneidern, wie es in anderen Kulturstufen und Kulturen der Jungsteinzeit üblich war.

Prähistoriker Alfred Götze (1865–1948).
Foto: Porträt von 1938

Die Rössener Kultur

Als die am weitesten verbreitete Kultur der mittleren Jungsteinzeit gilt die Rössener Kultur (etwa 4.600 bis 4.300 v. Chr.). Sie ging aus der Stichbandkeramischen Kultur, Oberlauterbacher Gruppe und Großgartacher Gruppe hervor. Die Rössener Kultur nahm in Deutschland ein ähnlich großes Gebiet wie die Linienbandkeramische Kultur ein und war hauptsächlich in Mitteldeutschland und Südwest-deutschland verbreitet. Rössener Siedlungen und Gräber kennt man aus Baden-Württemberg, Bayern, im Saarland, Rheinland-Pfalz, Hessen, Nordrhein-Westfalen, im südlichen Niedersachsen, aber auch in Thüringen, Sachsen-Anhalt, Sachsen, Brandenburg und im östlichen Mecklenburg.
Der Begriff Rössener Kultur wurde 1900 von dem Berliner Prähistoriker Alfred Götze (1865–1948) geprägt. Er erinnert an das Gräberfeld des Ortsteils Rössen von Leuna (Kreis Merseburg) in Sachsen-Anhalt. Dort wurden insgesamt 74 Gräber entdeckt, von denen mindestens 21 der Rössener Kultur angehören. Die restlichen Gräber werden in die nachfolgende Gaterslebener Gruppe datiert, weisen Rössener oder Gaterslebener Beigaben auf oder sind keiner der beiden Kulturen zuzurechnen. Als Ausgräber des Rössener Gräberfeldes machte sich vor allem der Restaurator August Nagel (1843–1903) aus Merseburg verdient, der von 1882 an insgesamt 69 Gräber freilegte. Eine weitere Grabung erfolgte durch Oberst Hans von Borries (1819–1901), der für das damalige „Provinzial-Museum“ in Halle/Saale fünf Gräber barg.
Eine befestigte Siedlung der Rössener Kultur befand sich auf dem Goldberg bei Riesbürg (Ostalbkreis) in Baden-Württem-

berg. Der Name dieses Berges geht auf die goldgelbe Farbe der durch Steinbrüche angegrabenen Sprudelkalkkuppe zurück. Die Rössener Siedlung auf dem Goldberg (in der Fachliteratur Goldberg I genannt) wurde nur an der leicht zugänglichen Westseite durch einen Graben geschützt. An den übrigen steilabfallenden Hängen war ohnehin kein Zutritt möglich. Die Siedlung ging durch ein Feuer zugrunde. Es ist unbekannt, ob die Brandkatastophe durch ein Unglück oder einen Überfall ausgelöst wurde. Auf dem Goldberg haben später auch andere Kulturen Siedlungen angelegt. Weitere befestigte Siedlungen der Rössener Kultur entdeckte man unter anderem an einigen Fundstellen in Nordrhein-Westfalen. Zu den größten befestigten Siedlungen der Rössener Kultur gehört diejenige bei Moringen-Großenrode (Kreis Northeim) in Niedersachsen. Der Durchmesser dieser ovalförmigen Anlage beträgt maximal 150 Meter. Sie wurde durch einen Graben geschützt, der bis 1989 auf 87 Meter Länge bei 1,20 Meter Breite und maximal 0,90 Meter Tiefe nachgewiesen werden konnte. Etwa zwei Meter hinter dem Graben folgte eine Palisade, die einen aufgeschütteten Erdwall stabilisierte. Das Grabenteilstück wurde durch eine fünf Meter breite Toranlage unterbrochen, in welche die Palisade rechtwinklig einbiegt. Innerhalb der Befestigungsanlage standen mindestens sieben Häuser, von denen das größte 29 Meter lang und 8 Meter breit war.

Als weiteres Beispiel einer befestigten Rössener Siedlung lässt sich Wahlitz (Kreis Burg) in Sachsen-Anhalt anführen. Auch dieses Dorf war sowohl mit einem Graben als auch mit einer Palisade bewehrt. Zur Siedlung zählten sechs Großhäuser, neun kleinere Rechteckhäuser, zwei Feuersteinschlagplätze und mindestens eine Stelle, an der Tongefäße hergestellt wurden.

In Rössener Dörfern standen gleichzeitig existierende Häuser dichter zusammen, als dies in der Linienbandkeramischen Kultur üblich war. Sie machen daher den Eindruck einer geschlossenen Siedlung. Kennzeichnend für die Rössener Häuser war der langgestreckte, trapezförmige Grundriss mit leicht nach außen geschwungenen Längs-wänden, der an einen Schiffsrumpf erinnert. All diese Häuser hatten im Nordwesten eine kleinere Schmalseite, die der Hauptwindrichtung zugewandt war und wenig Angriffsfläche bot.
Am Hillerberg in Bochum-Hiltrop wurde einer der größten Hausgrundrisse der Rössener Kultur entdeckt. Er war fast 65 Meter lang. Im Innern dieses ungewöhnlich großen Hauses stieß man auf Spuren von zwei Trennwänden. Bisher ist ungewiss, ob alle Bereiche der Rössener Langhäuser als Wohnung dienten oder ob man Teile davon als Stall für das Vieh oder Speicher für die Ernte benutzte.
Charakteristische Schmuckstücke der Rössener Kultur waren Marmorringe sowie Imitationen davon aus Knochen, Geweih, Kalkstein, Ton oder Erdpech. Daneben verschönerte man sich mit Anhängern oder Perlen aus Marmor, Kalkstein, fossilem Holz (Gagat), Muscheln und Knochen, die man zusammen mit durchbohrten Tierzähnen und mit aus Eberhauern geschnitzten Doppelknöpfen an Ketten trug. Bei bestimmten Gelegenheiten hat man das Gesicht und vielleicht auch einzelne Körperteile mit Rötel bemalt.
Reiche Beigaben in Gräbern verraten, dass man an das Weiterleben im Jenseits glaubte. Auf dem Gräberfeld von Rössen konnte man fast in jedem Grab Knochen vom Rind oder vom Schaf nachweisen, bei denen es sich wohl um Speisebeigaben handelte. In einem Fall hatte man dem Toten ein Fleischstück zwischen die Zähne geschoben, in einem anderen auf die Brust gelegt und einem weiteren zwischen die Knie, wo es von der

ausgestreckten rechten Hand berührt wurde. Als weitere Grabbeigaben dienten außerdem unverzier-te und verzierte Tongefäße, Steingeräte und Schmuck.
Als eines der größten Gräberfelder der Rössener Kultur gilt das von Jechtingen bei Sasbach (Kreis Emmendingen) in Baden-Württemberg, das 1975 entdeckt worden ist. Dort konnte man 105 Bestattungen bergen. Weitere 15 bis 20 Gräber waren bereits der landwirtschaftlichen Nutzung zum Opfer gefallen. Ein in Wittmar (Kreis Wolfenbüttel) in Niedersachsen nachgewiesenes Gräberfeld der Rössener Kultur enthielt 34 Bestattungen, bei denen der Kopf im Süden lag, während die Beine nach Norden wiesen.
Mit Opferbräuchen der Rössener Kultur wurden früher die Überreste von mindestens 44 Menschen in der Höhle Hohlenstein-Stadel im Lonetal (Alb-Donau-Kreis) in Baden-Württemberg in Zusammenhang gebracht. Sie stammen hauptsächlich von Frauen und Kindern und von wenigen jungen Männern. Angeblich konnten vereinzelt an Schädelknochen deutliche Spuren von Hieben, Schnitten und von Feuer festgestellt werden. Deswegen sollte es sich hierbei um die Reste einer Kannibalenmahlzeit handeln.
Nach Ansicht des deutschen Prähistorikers Jörg Orschiedt sind die Skelettreste aus der „Knochentrümmerstätte“ im Hohlenstein-Stadel und von vielen anderen Fundorten, die mit Kannibalismus in Zusammenhang gebracht werden, nur das Ergebnis einer Bestattungsart, die man Sekundärbestattung nennt. Seine Doktorarbeit in Tübingen von 1996 hieß „Manipulationen an menschlichen Skelettresten aus dem Paläolithikum, Mesolithikum und Neolithikum. Taphonomische Prozesse, Sekundärbestattungen oder Anthropophagie“. 1997 veröffentlichte er die Abhandlung „Die „Knochentrümmerstätte“ im Hohlenstein-Stadel: Bestattungssitte oder Kanni-

balismus". Laut Orschiedt ergab die Untersuchung der Skelettreste aus dem Hohlenstein-Stadel keinen Nachweis von durch den Menschen verursachten Spuren. Wohl aber zeigten Zusammensetzung des Materials und der Befund menschlichen Einfluss. Der Befund könne als Beleg für die in der ganzen Jungsteinzeit mehrfach nachgewiesene Sekundärbestattung gelten. Die seltenen zusammensetzbaren Fragmente deuteten vielleicht darauf hin, dass nur wenige oder nur ein einziger Skelettrest eines Toten in die Höhle Hohlenstein-Stadel gebracht worden sei. In einer Rezension der Berliner Prähistorikerin Heidi Peter-Röcher hieß es, die Skelettreste der „Knochentrümmerstätte" im Hohlenstein-Stadel könnten der Aichbühler Gruppe angehören. Jene Kulturstufe war von etwa 4.200 bis 4.000 v. Chr. an den Seen und Mooren Oberschwabens sowie entlang der Donau in Baden-Württemberg verbreitet. Sie ist nach dem Fundort Aichbühl am ehemaligen Ufer des einst viel größeren Federsees bei Bad Schussenried (Kreis Biberach) in Oberschwaben benannt.

Rössener Leute in Wiesbaden

Wo sich früher Siedlungen der Linienbandkeramischen Kultur in Wiesbaden befanden, lagen später manchmal solche der Rössener Kultur. Andererseits entdeckte man auch außerhalb ehemaliger linienbandkeramischer Siedlungen Reste von Häusern und Gräbern verstreut im heutigen Stadtgebiet. Letzteres war bei den Siedlungsfunden vom Archivgebäude sowie vom Gas- und Elektrizitätswerk in der Mainzer Straße von Wiesbaden, bei Dotzheim, in der Ziegelei Hessemer an der Frankfurter Straße und in Schierstein-Äppelallee der Fall. Auch in der Ziegelei Dr. Peters am Rheinufer in Schierstein

Rössener Mädchen beim Verzieren eines Tongefäßes.
Zeichnung: Gerhard Beuthner (1867–nach 1935),
veröffentlicht in dem Erdal-Bilderbuch
„Aus Deutschlands Vorzeit" (1937)
von Erich Lissner (1902–1980)

stieß man auf Wohngruben und Streufunde der Rössener Kultur.
Wie erwähnt, wurden 1891 bei der Untersuchung vorgeschichtlicher Gruben an der Mainzer Straße in Wiesbaden Scherben der Linienbandkeramischen Kultur, Rössener Kultur, Hinkelstein-Gruppe und Michelsberger Kultur gefunden. Im März und April 1913 kamen in der großen Maschinenhalle des städtischen Elektrizitätswerkes an der Mainzer Landstraße in einer Wohngrube Funde vom Rössener Typus zum Vorschein. Die Grube wurde vom Wiesbadener Museum – soweit es die Innenbauten der Halle erlaubten – ausgeräumt. Der sehr unregelmäßige Umriss der Wohngrube erreichte eine Länge bis zu zehn Metern.
Ferdinand Kutsch (1889–1972) veröffentlichte 1927 in „Nassauische Annalen" die Abhandlung „Michelsberger und Rössener Funde aus Schierstein". Kutsch war von 1927 bis 1956 Leiter des „Landesmuseums Nassauische Altertümer" in Wiesbaden. Der Wiesbadener Archäologe Heinz-Eberhard Mandera erwähnte in seiner Schrift „Die Jüngere Steinzeit" (1960) zwei Silexabschläge der Rössener Kultur aus einer Siedlungsgrube in Erbenheim, die anscheinend von einer Sichel stammten. Beide wiesen jeweils an einem Ende den Sichelglanz auf, der beim längeren Schneiden von Pflanzen entsteht. Mandera fungierte als Oberkustos im „Museum Wiesbaden, Sammlung Nassauischer Altertümer". In der Publikation „Aus Wiesbadens Vorzeit" (1972) von Karl Wurm und Helmut Schoppa sind prachtvoll verzierte Kugelbecher der Rössener Kultur von der Jahnstraße sowie vom Ring zwischen Rheinstraße und Schiersteiner Straße abgebildet. Der Prähistoriker Eric Biermann erwähnte 2001 in seinem Werk „Alt- und Mittelneolithikum in Mitteleuropa" eine langovale Wanne, einen Pokal („Prunkvase"), eine Tonscheibe, einen

Vorderfront des „Museums Wiesbaden" im Jahre 2019.
Foto: Museumwiesbaden / CC-BY-SA4.0
(via Wikimedia Commons),
lizensiert unter Creative-Commons-Lizenz by-sa-4.0-en,
https://creativecommons.org/licenses/by-sa/4.0/legalcode

Tonarmreif, ein Mahlsteinfragment, Knochengeräte und eine menschliche Schädeldecke als Funde der Rössener Kultur aus Schierstein. Über die Wanne las man bereits 1927 in den „Nassauischen Annalen“ und über den Pokal in einem Werk des Prähistorikers Jens Lüning.

Aus Rüdesheim am Rhein ist der Fund eines Pfeilschaftglätters der Rössener Kultur bekannt. In Wiesbaden hat man noch kein solch seltenes Gerät geborgen. Eine oder zwei Pfeilspitzen der Rössener Kultur fand man in Erbenheim. Eines dieser beiden Stücke könnte von der Linienbandkeramischen Kultur stammen.

Archäologische Belege für die Jagd auf Wildpferde, wie man sie von anderen Fundstellen der Rössener Kultur kennt, sind bisher in der Wiesbadener Gegend nicht entdeckt worden. Manche Prähistoriker vermuten, die Jagd auf Wildpferde sei eine Prestigefrage gewesen oder sogar aus kultischen Gründen erfolgt.

Prähistoriker Armin Stroh (1912–2002).
Foto: Dr. Armin Stroh, Burglengenfeld

Die Bischheimer Gruppe

Im Mittelrheingebiet und in Teilen Bayerns (Unterfranken) lebten von etwa 4.400 bis 4.200 v. Chr. die Menschen der Bischheimer Gruppe. Sie ist wie die ungefähr zeitgleiche Schwieberdinger Gruppe gegen Ende der Rössener Kultur entstanden. Der Begriff Bischheimer Gruppe wurde 1938 von dem deutschen Prähistoriker Armin Stroh (1912–2002) eingeführt. Namengebender Fundort ist Bischheim bei Kirchheimbolanden (Donnersbergkreis) in Rheinland-Pfalz. In Bischheim wurden Anfang der 1930er Jahre unter einem Grabhügel aus der Latènezeit (etwa 450 bis Christi Geburt) Keramikreste der Bischheimer Gruppe entdeckt.

Von den Bischheimer Leuten sind bisher nur wenige und nicht sehr aussagekräftige Skelettreste gefunden worden. Dabei handelt es sich um Skelettreste eines etwa acht- bis neunjährigen Kindes sowie um den Oberarmknochen eines Erwachsenen aus Schernau bei Dettelbach (Kreis Kitzingen) im bayerischen Regierungsbezirk Unterfranken, Skelettreste einer Körperbestattung in Wiesbaden-Biebrich (Hessen) und aus zwei Gräbern in Strasbourg-Königshoffen (Elsass).

Als eine der am besten erforschten Siedlungen der Bischheimer Gruppe gilt diejenige von Schernau. Bei einer zehnwöchigen Ausgrabung entdeckte 1971 der Prähistoriker Jens Lüning die Grundrisse von viereckigen trapez- und schiffsförmigen Häusern, die zumeist zwei Räume hatten. Diese Behausungen waren in den Boden eingetieft und verfügten über einen Eingang an einer der beiden Schmalseiten. Ein unvollständig erhaltener Hausgrundriss erreichte die Maße von 14,90 mal 6,80 Metern.

Die Häuser von Schernau besaßen im vorderen Raum einen aus Lehm errichteten Backofen und im hinteren Raum eine offene Feuerstelle. Der Lehmfußboden und die mit Lehm beworfenen Wände wurden in diesen Behausungen gelegentlich durch frisch aufgeworfenen Lehm renoviert. Dabei planierte man das von den Wänden entfernte alte Verputzmaterial auf dem Fußboden ein. Bei jeder Erneuerung wurde somit der Fußboden höher. In zwei Schernauer Häusern erreichte er zuletzt eine Höhe von 70 Zentimetern.

Zwischen 1997 und 2001 wurden bei archäologischen Ausgrabungen im Vorfeld eines geplanten Braunkohle-Tagebaus südlich des Dorfes Garzweiler (Stadt Jüchen) in Nordrhein-Westfalen interessante Siedlungsreste der Bischheimer Gruppe entdeckt. Man stieß auf Pfostenlöcher von drei Häusern sowie zahlreiche Abfallgruben mit Keramik, Feuersteingeräten und Mahlsteinfragmenten.

Für die Bewohner der Siedlung von Schernau in Unterfranken war – nach Knochenfunden zu schließen – die Jagd noch ein wichtiger Zuerwerb. Etwa zwei Drittel der dort geborgenen Knochen stammte von Wildtieren, vor allem vom Rothirsch, Wildschwein, Reh und Auerochsen. Man fand aber auch Jagdbeutereste vom Wildpferd, Feldhasen und Fuchs. Vermutlich sind diese Tiere meist mit Pfeil und Bogen erlegt worden.

Die Hinweise auf Ackerbau sind bisher eher spärlich. Dazu zählen in Schernau Mahlsteine aus grobkörnigem Sandstein, die indirekt auf Getreideanbau und -verarbeitung hindeuten. Wie das restliche Drittel der Tierknochenfunde zeigt, hielten die Bauern von Schernau Rinder, Schweine und Hunde als Haustiere. Offenbar sind manchmal die Hunde geschlachtet und verzehrt worden. Darauf verweist die Anhäufung von bestimmten Hundeknochen neben einer Herdstelle.

Tauschgeschäfte und Fernverbindungen werden durch einen kleinen kupfernen Meißel sowie einen Ring aus einer Grube von Schernau dokumentiert. Der Meißel ist 5,5 Zentimeter

lang, der Ring hat einen Durchmesser von etwa 2 Zentimetern. Die Bischheimer Gruppe gehört zu den ältesten jungsteinzeitlichen Kulturstufen in Deutschland, die Kupfererzeugnisse von höher entwickelten Kulturen Südosteuropas importierten.
Die Keramik der Bischheimer Gruppe ist in „Nachrössener Art“ verziert. Das Werkzeugspektrum umfasste neben Schuhleistenkeilen, die als Holzbearbeitungsgeräte dienten, und Getreidemahlsteinen in seltenen Fällen auch importierte kupferne Geräte. Als Fernwaffen standen Pfeil und Bogen zur Verfügung. Steinerne Pfeilspitzen wurden beispielsweise in Schernau geborgen. An einer von ihnen hafteten an beiden Seiten noch Pechreste.
Über das Bestattungswesen und die Religion der Bischheimer Leute lässt sich nicht viel sagen. Die wenigen menschlichen Skelettreste aus Schernau deuten lediglich darauf hin, dass Verstorbene nicht verbrannt worden sind.

Bischheimer Grab in Biebrich

Aus Wiesbaden-Biebrich kennt man das bisher einzige Grab der Bischheimer Gruppe in Hessen. Darin hatte man einen unverbrannten Leichnam bestattet. Der Tote ruhte gestreckt auf dem Rücken und war mit verzierter und unverzierter Keramik als Beigaben versehen. Die mit ins Grab gelegte verzierte Keramik zeigte das typische Bischheimer Verzierungsmotiv. Im Gegensatz zu zwei Gräbern in Strasbourg-Königshoffen (Strassburg-Königshofen) im Elsass fehlten in Biebrich Schmuckstücke und Waffen. Bei einer Doppelbestattung in Strasbourg-Königshoffen hatte man Tongefäße an den Köpfen der Toten abgestellt. Es handelte sich um zwei verzierte Gefäße und um ein unverziertes Gefäß. Am Hals beider Bestatteten hing jeweils eine Kette mit Gagatperlen. Auf der Brust eines der beiden Toten lag eine Pfeilspitze aus Chalzedon. Perlen und eine Pfeilspitze gehörten auch zu einer Einzelbestattung in Strasbourg-Königshoffen. Dieser Tote trug am rechten Handgelenk zwei flache Knochenringe.

Prähistoriker Paul Reinecke (1872–1958).
Foto: Römisch-Germanisches Zentralmuseum Mainz

Die Michelsberger Kultur

Von etwa 4.300 bis 3.500 v. Chr. existierte in Baden-Württemberg, im Saarland, in Rheinland-Pfalz, Hessen, Nordrhein-Westfalen, im südlichen Holland, in Belgien und Nordfrankreich die aus der Rössener Kultur hervorgegangene Michelsberger Kultur. Diesen Begriff hat 1908 der Prähistoriker Paul Reinecke (1872–1958) aus München eingeführt. Der Name erinnert an den Michelsberg beim Ortsteil Untergrombach von Bruchsal (Kreis Karlsruhe), auf dem sich eine befestigte Siedlung der Michelsberger Kultur befand.

Von der Michelsberger Kultur sind in Deutschland mehr als 200 Siedlungsplätze bekannt. Sie befinden sich im Flachland und auf Höhen. Nicht selten hat man die Siedlungen in schwer zugänglicher Lage errichtet und durch ebenso ausgedehnte wie aufwändige Befestigungsanlagen geschützt. Diese Erdwerke waren von breiten und tiefen Gräben und Palisaden umgeben. Im Laufe der Forschungsgeschichte wurden die Erdwerke der Michelsberger Kultur unterschiedlich gedeutet. Der Prähistoriker Hans Lehner (1865–1938) aus Bonn schrieb ihnen 1917 Festungscharakter zu. Ihm fiel aber auf, dass wegen fehlender Quellen bei einer Belagerung die Wasserversorgung nicht gesichert sei. Lehner war von 1899 bis 1930 Direktor des „Rheinisches Provinzialmuseums" in Bonn. Der Bonner Archäologe Franz Oelmann (1883–1963) und der Bonner Prähistoriker Walter Rest (1912–1942) hielten die Erdwerke 1923 und 1940 für geschützte Marktplätze. Franz Oelmann war von 1930 bis 1949 Direktor des „Rheinischen Landesmuseums Bonn", das bis 1934 „Rheinisches Provinzialmuseum" hieß. Der Stuttgarter Prähistoriker Oscar Paret (1889–1972) betrachtete die

Erdwerk der Michelsberger Kultur bei Urmitz.
Zeichnung: Gerhard Beuthner (1867–nach 1935),
veröffentlicht in dem Erdal-Bilderbuch
„Aus Deutschlands Vorzeit“ (1937)
von Erich Lissner (1902–1980)

Erdwerke als Viehkrale. In den 1960er Jahren spekulierte man über Kultbaue und in den 1990er Jahren über Austausch- und Versammlungsorte. Im Buch „Deutschland in der Steinzeit" (1991) von Ernst Probst war von „Burgen der Steinzeit" die Rede. Der Autor war der damaligen Auffassung gefolgt, Wälle, Gräben, geschützte Lage auf einer Anhöhe oder an einem Fluss, Durchlässe (Bastionen), menschliche Skelettreste in Gräben (Gewaltopfer) und verkohlte Holzreste (Palisaden) sprächen für eine Verteidigungsfunktion der Erdwerke. Weil die Erdwerke der Michelsberger Kultur nicht von einem durchgehenden Graben, sondern nur von aneinandergereihten Gruben umgeben waren, können sie nach Ansicht der Prähistoriker Christian Jeunesse und Ute Seidel keine Verteidigungsanlagen gewesen sein. Die Beiden hielten 2010 die Michelsberger Erdwerke für Versammlungsplätze kleinerer verstreuter Gemeinschaften. An Häuptlingssitze einer hierarchisch organisierten Gesellschaft glauben sie nicht.

Riesige Ausmaße hatte ein Erdwerk der Michelsberger Kultur am linken Rheinufer bei Urmitz (Kreis Mayen-Koblenz) in Rheinland-Pfalz. Dort konnten insgesamt vier Bau- und Benutzungsphasen nachgewiesen werden. In der ersten und ältesten Phase war diese Siedlung nur von einer Palisade umgeben. In der zweiten Phase wurde sie von einer Palisade und einem Graben geschützt, in der dritten Phase nur von einem Graben und in der vierten und letzten Phase von zwei Gräben. Die Länge des Urmitzer Erdwerks am Rhein betrug etwa 1.275 Meter, die Breite ungefähr 840 Meter. Der äußerste der beiden Gräben der letzten Phase erreichte eine Länge von rund 2.550 Metern. Die Gräben waren oben 6,50 bis 10 Meter und unten 4 bis 5 Meter breit sowie 1,70 bis 2,30 Meter tief. Der Abstand zwischen beiden Gräben betrug 7 bis 20 Meter. Diese Gräben wurden durch zahlreiche Erdbrücken unter-

brochen, die als Zugänge ins Innere der Anlage dienten. Der äußere Graben hatte schätzungsweise 21 solcher Zugänge bzw. Tordurchlässe. Für den inneren Graben nimmt man sogar doppelt so viel Zugänge an.
Bescheidenere Maße hatte das im Herbst 1907 von dem Archäologen Hans Lehner im Flachland in Mayen entdeckte Erdwerk. Diese Siedlung war etwa 360 Meter lang, rund 200 Meter breit und wurde von einem bis zu 6,30 Meter breiten und maximal 2,60 Meter tiefen Graben umgeben.
Die Entdeckungsgeschichte der namengebenden Höhensiedlung auf dem Michelsberg bei Untergrombach begann 1884, als der Wiesbadener Konservator Carl August von Cohausen (1812–1894) dort einige Keramikreste fand, die er an die Karlsruher Sammlungen schickte. Die ersten Grabungen von 1888/1889 erfolgten durch den Leiter der großherzoglichen Sammlungen Karlsruhe, Karl Schumacher (1860–1934). Zehn Jahre später nahm der Karlsruher Ingenieur Albrecht Bonnet (1861–1900) Untrersuchungne vor.
Der Michelsberg bei Untergrombach ist ein am Rand des Rheintales 274 Meter hoch aufragender Berg. Die darauf angelegte Siedlung erstreckte sich auf einer Fläche von etwa 400 mal 250 Metern. Sie wurde von einem 5 bis 6 Meter breiten Graben geschützt, der sich auf 720 Meter Länge verfolgen ließ. Hinter dem Graben hatte man eine Palisade als zusätzliches Hindernis aufgerichtet. Wie bei anderen Erdwerken der Michelsberger Kultur war auch hier der Graben durch Erdbrücken unterbrochen, welche die Funktion von Zugängen hatten. Im Inneren der Höhensiedlung auf dem Michelsberg stieß man auf Hüttengrundrisse oder -gruben.
Auch in Hessen entdeckte man etliche befestigte Höhensiedlungen der Michelsberger Kultur. In Südhessen konnte auf dem Kapellenberg von Hofheim (Main-Taunus-Kreis) der

Nachweis für eine derartige Siedlung erbracht werden. Auffällig viele Höhensiedlungen waren in Nordhessen konzentriert.

Da innerhalb der Michelsberger Erdwerke nur selten Siedlungsspuren entdeckt wurden, ist es denkbar, dass diese vielleicht nur bei Gefahr als Zufluchtsstätte für die Menschen in derem Umkreis dienten. Bei einem befürchteten Angriff zogen sich Frauen und Kinder vermutlich zusammen mit dem Vieh hinter die Palisade zurück. Bei Großanlagen wie in Wiesbaden-Schierstein konnten die vielen über Erdbrücken zugänglichen Einlässe allerdings unmöglich alle gleichzeitig verteidigt werden.

Die Keramik der Michelsberger Kultur umfasste eine verwirrende Vielfalt von Formen. Als besonders typische Tongefäße gelten Tulpenbecher, Schöpflöffel und tellerförmige Scheiben. Außerdem gab es Flaschen, Krüge, Schüsseln und Schalen. Viele der Michelsberger Tongefäße hatten runde Böden und konnten deshalb nicht ohne besondere Vorrichtung stehen, vermutlich mussten sie mit Schnüren aufgehängt werden. Die Tulpenbecher ähneln Blütenkelchen von Tulpen oder umgekehrten Glocken. Schöpfkellen hatten häufig eine ovale Grundform mit einem an einer Seite hochgezogenen Grifflappen. Tellerförmige Scheiben deutete man als Unterlagen zum Backen von Brotfladen (deshalb „Backteller“). Es könnten aber auch Essteller, Gefäßdeckel oder Untersetzer zum Formen von Tongefäßen gewesen sein.

Die Michelsberger Leute bestatteten ihre Verstorbenen unverbrannt oder verbrannt, vollständig oder unvollständig, in Gruben, breiten oder schmalen Gräben, Gräbern oder in Höhlen. Die Beigaben für die Toten belegen den Glauben an ein Weiterleben im Jenseits.

Auf dem Michelsberg bei Untergrombach entdeckte man in zehn Gruben unvollständige Skeletttteile von mindestens 34, wenn nicht sogar 46 Menschen. Darunter befanden sich auffällig wenig Schädelreste. Die Mehrzahl der Knochen war schwer beschädigt oder nur fragmentarisch erhalten. An etlichen Knochen ließen sich Spuren von Gewalt nachweisen. Offenbar hatte man die dort Bestatteten getötet. Menschliche Skelettreste kamen auch in den Gräben der Erdwerke von Untergrombach, Munzingen und Urmitz (Kreis Mayen-Koblenz) zum Vorschein.
Die Art der Bestattungen in der Michelsberger Kultur erlaubt gewisse Rückschlüsse auf die damalige Religion. Die häufig nur fragmentarisch erhaltenen Skelette lassen sich damit erklären, dass die Michelsberger Leute überirdischen Mächten Menschenopfer darbrachten und dabei einen rituell motivierten Kannibalismus praktizierten.

Michelsberger Erdwerk in Schierstein

Zu den schon seit langem bekannten befestigten Flachlandsiedlungen der Michelsberger Kultur gehört die am rechten Rheinufer von Wiesbaden-Schierstein. Dieses nördlich an den Rhein anschließende Erdwerk umschloss mit seinen etwa 1,5 Kilometer langen Umfassungsanlagen ein über 100 Hektar großes Gelände. Dagegen umfassten die meisten Erdwerke der Michelsberger Kultur nur Innenräume von 10 bis 40 Hektar. Einige wenige Anlagen bleiben unter 10 Hektar, von diesen ist Heilbronn-Klingenberg mit seinen ca. 2,5 Hektar Innenfläche wohl das kleinste.
Zwei parallel verlaufende Sohlgräben in Schierstein waren an der Erdoberfläche durchschnittlich 3,50 bis 6 Meter breit, auf

der Sohle zwischen 1,10 und 2,45 Meter breit sowie 2,40 bis 2,70 Meter tief. Der innere Sohlgraben hatte eine Toröffnung, die zeitweise durch eine Pfostenwand versperrt war. Die ersten Funde wurden bereits 1894 in der „Ziegelei Dr. Peters“ geborgen. Auf einem Plan des Ziegeleibesitzers Dr. Peters vom Anfang des 20. Jahrhunderts sind 20 Michelsberger Gruben, ein Hockergrab und drei Gräber aus der Latènezeit (etwa 450 v. Chr. bis Christi Geburt) eingezeichnet. Ein Vermessungsplan von E. Brenner und E. Koch von 1913 zeigt den etwa 200 Meter langen Abschnitt auf der Nordostseite der Befestigungsanlage. Darauf ist ein breiter Durchlass sichtbar, den ein davor liegender Graben schützte. Weitere Entdeckungen glückten ab 1914/1915 in einem 120 Meter langen Grabensystem, das offenbar Teil einer halbkreisförmigen Siedlung gewesen ist. 1933 entdeckte man im Norden der Befestigungsanlage ein weiteres Teilstück des Grabens. Bei der Untersuchung des fränkischen Gräberfeldes an der Stielstraße nördlich der Eisenbahn wurde ein Spitzgraben auf einer Länge von mehr als 50 Metern angeschnitten.
Aus den Teilabschnitten ließ sich der ungefähre Verlauf der Befestigungsanlage rekonstruieren. Demzufolge lehnte sich die Anlage mit ihrem Grabensystem im Osten halbkreisförmig an das Rheinufer bei der Schiersteiner Brücke. Im Norden erreichte der Graben „in steiler Wendung“ das Teilstück an der Stielstraße. Von dort aus überquerte der Graben den Grorother Bach, der wohl die Siedlung mit Wasser versorgte. Dann lief der Graben auf das heutige westliche Hafenbecken zu. Die riesige Befestigungsanlage längs des Rheinufers hatte einen Durchmesser von etwa 1,5 Kilometern. Sie lag in der östlichen Hälfte des heutigen Schiersteiner Hafens.
Innerhalb des Grabenringes der Schiersteiner Befestigungsanlage befanden sich zahlreiche Gruben unterschiedlicher

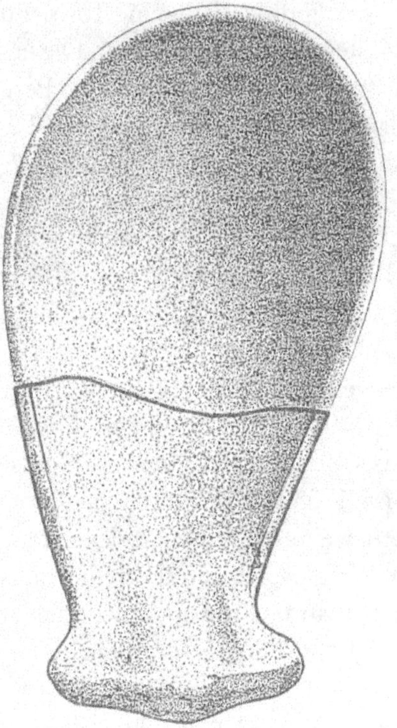

Rekonstruktion eines fragmentarisch erhaltenen Schöpflöffels der Michelsberger Kultur aus Mainz-Kastel.
Zeichnung: Landesamt für Denkmalpflege, Wiesbaden-Biebrich

Form und Größe, die man als Lehmentnahme-, Vorrats- und Abfallgruben sowie Kochstellen deutet. Pfostenspuren von Hausgrundrissen hat man nicht beobachtet. Zur Michelsberger Keramik in Schierstein gehörten Tulpenbecher, Schöpflöffel, Tonscheiben („Backteller") sowie Flaschen und Schüsseln mit Ösen. Außerdem fand man Geräte aus Stein, Knochen und Geweih, darunter Äxte, Hämmer, Pfrieme, Meißel, Schaber und Klopfsteine.

Michelsberger Leute siedelten auch auf fruchtbaren Terrassen aus dem Eiszeitalter zwischen dem Salzbach, Mosbach und Grorother Bach. Dies beweisen Funde aus der Gärtnerei am Melonenberg, vom Gaswerksgelände an der Mainzer Straße und aus der Städtischen Sandgrube an der Schiersteiner Straße. Im Dezember 1935 barg man in der Sandgrube von Heinrich Koch bei Wiesbaden-Delkenheim zahlreiche Siedlungsfunde der Michelsberger Kultur. In einer Wohngrube lagen Randscherben, etwa 70 Wandscherben, vier Bodenstücke, sechs Knickwandschüsseln mit einem Durchmesser von 22 bis zu 32 Zentimetern, ein Gefäß mit Fingerdellenrand, eine kalottenförmige Schüssel, ein Randstück einer Flasche, ein Standboden eines Gefäßes, drei Fragmente von Tonscheiben („Backteller"), ein 8,3 Zentimeter langes Steinbeil, ein kleines Beil aus Silex in einer Hirschhornfassung, ein Pfriem aus einem gespaltenen Röhrenknochen, Tierknochen, Hüttenlehmbrocken, Holzkohle und Getreidekörner.

Als Siedlungsfunde der Michelsberger Kultur betrachtet man einen tönernen Schöpflöffel und Steinwerkzeuge aus Silex von der Fundstelle „Kastel 55" im Bereich der Sandgrube am „Hessler" im Dyckerhoff-Steinbruch. Dort hatte der am „Römisch-Germanischen Zentralmuseum Mainz" („RGZM") arbeitende Restaurator Ferdinand Waih vor 1940 den tönernen Griff eines Schöpflöffels und Steinwerkzeuge aus Silex

Vorderfront des „Landesmuseums Mainz“ im Frühjahr 2013.
Foto: Benjamin Dahlhoff / CC-BY-SA3.0 (via Wikimedia Commons), lizensiert unter Creative-Commons-Lizenz by-sa-3.0-en, https://creativecommons.org/licenses/by-sa/3.0/legalcode

geborgen. Den Schöpflöffel-Griff (Inv.-Nr. 79/143) hat man später ergänzt, die Gesamtlänge des Schöpflöffels betrug dann 11,3 Zentimeter. Bei den Steinwerkzeugen handelt es sich um einen 9,5 Zentimeter langen Klingenschaber (Inv.-Nr. 79/ 142 a), eine 9 Zentimeter lange Klinge (Inv.-Nr. 79/142 b), einen 5,4 Zentimeter langen Silex-Abschlag (Inv.-Nr. 19/142 c) und um einen 6,3 Zentimeter langen Klingenschaber (Inv.-Nr. 79/142 d). Eine Fundstelle der Michelsberger Kultur war bis zu dieser Entdeckung im Bereich der Sandgrube am „Hessler" nicht bekannt. Die nächste Fundstelle dieser Kultur befand sich links der Mainzer Straße von Wiesbaden aus zwischen Gas- und Margarinefabrik. Das „Landesmuseum Mainz" erwarb am 30. Juli 1979 von Waih die Kasteler Funde der Michelsberger Kultur sowie römische und mittelalterliche Objekte. 1987 war der Schöpflöffel im Ausstellungskatalog „Schätze der Vorzeit aus dem Depot des Landesmuseums" zu sehen. Durch einen Brief von Dr. Gerd Rupprecht vom „Landesamt für ‚Denkmalpflege", Amt Mainz, vom 18. April 1988 erfuhr das „Landesamt für Denkmalpflege" im Schloss Biebrich von „neolithischen Funden" aus der Sandgrube am „Hessler". Auf diese war Rupprecht bei der Durchsicht des Mainzer Museumsinventars gestoßen. Am 2. Januar 1989 lieh Dr. Eike Pachali vom „Landesamt für Denkmalpflege Hessen", Abteilung für Vor- und Frühgeschichte im Schloss Biebrich vom „Landesmuseum Mainz" den Schöpflöffel für etwa zwei Monate aus, um eine Abformung und Zeichnung vornehmen zu lassen. Eine Nachbildung des Schöpflöffels präsentierte man ab dem 14. Februar 1989 in der Ausstellung der Dyckerhoff-Zementfabrik.

Prähistoriker Hermann Müller-Karpe (1925–2013).
Foto: Philipps-Universität Marburg

Die Wartberg-Gruppe

In Teilen von Hessen, Nordrhein-Westfalen und Thüringen hat zwischen etwa 3.500 und 2.800 v. Chr. die Wartberg-Gruppe existiert. Sie war von Wiesbaden im Süden bis in die Warburger Börde im Norden verbreitet. In Thüringen sind in der Umgebung von Mühlhausen Siedlungsspuren dieser Kulturstufe bekannt. In Hessen trat die Wartberg-Gruppe die Nachfolge der Michelsberger Kultur an.

Die Bezeichnung Wartberg-Gruppe hat zwei Väter. Der damals in Kassel tätige Prähistoriker Hermann Müller-Karpe (1925–2013) hat 1951 diesen Namen als Erster verwendet. Er meinte damit jedoch nur die Siedlungen vom Wartberg bei Niedenstein-Kirchberg (Schwalm-Eder-Kreis) in Nordhessen. Dagegen benutzte der Prähistoriker Winrich Schwellnus diesen Begriff in seiner 1974 in Marburg verfassten, aber erst 1979 gedruckten Dissertation generell für Siedlungen mit Keramik nach der Art vom Wartberg.

Die im Steinkammergrab von Altendorf bei Naumburg (Kreis Kassel) in Nordhessen bestatteten sehr grazilen Männer waren 1,60 bis 1,63 Meter und die Frauen 1,51 bis 1,54 Meter groß. Das ermittelte der Tübinger Anthropologe Alfred Czarnetzki. Im Steinkammergrab von Calden (Kreis Kassel) erreichten die gegenüber Altendorf großwüchsigen Männer eine Körpergröße von 1,62 bis 1,65 Meter und die Frauen von 1,50 bis 1,59 Meter. Auffällig bei zahlreichen Skeletten sind stark ausladende Hinterköpfe, in Calden die breiten Nasen.

Obwohl die Gräber der Wartberg-Gruppe den megalithischen Steinkammergräbern der Trichterbecher-Kulur ähnelten, rechnet man sie nicht dieser Kultur zu. Bevor Winrich Schwellnus ihren Erbauern den Rang einer eigenen Gruppe

einräumte, wurden sie unter den Begriffen Steinkisten- oder Steinkammergrab-Kultur zusammengefasst.
Die von den Wartberg-Leuten errichteten Steinkammergräber (auch Galeriegräber genannt) stellten eine bedeutende Leistung dieser Menschen dar. Sie wurden meist etwa einen Kilometer von der Siedlung entfernt angelegt. Dabei handelte es sich um Kollektivgräber, die von kleinen Gemeinschaften etwa in der Größe eines Weilers über Generationen hinweg benutzt wurden. Der Bau von diesen mindestens 6 und maximal 20 Meter langen sowie zwischen 2 und 3,50 Meter breiten Steinkammergräbern ist ohne die Verwendung von Rollen aus Baumstämmen, Rampen, Hebebäumen oder ähnlichen Hilfsmitteln kaum denkbar. Manchmal mussten die für die Wände und die Decke der Grabkammer benötigten Steinplatten aus einigen Kilometer Entfernung herbeigeschafft werden. Dies bewerkstelligte man vermutlich durch Unterlagen von Rollen. Dabei bewegte man die schweren Lasten vielleicht nicht nur mit Menschenkraft, sondern auch durch den Einsatz von Rindern als Zugtiere. An der Baustelle mussten die Platten dann in die ausgehobene Grube hinabgelassen werden, dort standsicher aufgestellt und mit Steinplatten oder Holzbalken überdeckt werden. Zuletzt wurde die Konstruktion unter einem flachen Erdhügel verborgen.
Als Zugang in die Grabkammer diente bei Bestattungen meist ein rundes Loch in der Abschlussplatte auf einer der beiden Schmalseiten. Durch diese oft kaum einen halben Meter breite Öffnung hindurch zwängten sich bei Bestattungen die Hinterbliebenen und betteten den Verstorbenen im Innern der Grabkammer zur letzten Ruhe. Der Vorraum der Steinkammer-gräber war offenbar den mit der Grablegung verbundenen Opferhandlungen vorbehalten. Die runde Öffnung zwischen dem Vorraum und der Grabkammer war

vielleicht als eine Art Tür gedacht, durch die Lebende und Tote kommunizieren konnten. Sie wird in Anlehnung an skandinavische Bräuche als „Seelenloch“ bezeichnet. Die Idee für die Errichtung derartiger Steinkammergräber mit einem „Seelenloch“ stammte offenbar aus Frankreich, wo solche Gräber vor allem im Pariser Becken, aber auch in der Normandie und in der Bretagne sehr häufig anzutreffen sind. Von dort aus gelangte die Kenntnis dieser Grabform in verschiedenen Varianten nach Hessen, Westfalen mit Ausläufern nach Südniedersachsen und Mittel-deutschland. Die aus Nordhessen bekannten Steinkammer-gräber ähneln meist der im Pariser Becken vorkommenden Grabform.
Im berühmten Steinkammergrab von Züschen bei Fritzlar haben vermutlich die Bewohner der Höhensiedlung auf dem Hasenberg ihre Verstorbenen bestattet. Dieses Steinkammergrab ist etwa 20 Meter lang, 2,50 Meter breit und in den Boden eingetieft. Die Grabkammer wurde aus Sandsteinplatten errichtet, wie sie auf der gegenüberliegenden Talseite zu finden sind. Jede der beiden Längsseiten umfasste einst ein Dutzend Steine. Die beiden Schmalseiten hat man jeweils mit einer einzigen Platte abgeschlossen. Eine dieser Abschlussplatten enthält eine etwa 50 Zentimeter kreisrunde Öffnung, das „Seelenloch“. Am Boden der Grabkammer fand man die Reste von mindestens 27 Toten. Es hat den Anschein, als seien die Toten meist mit den Füßen voran und mit dem Kopf zum Eingang hin in mehreren Schichten übereinandergelegt worden. Seit 1894 bekannte Darstellungen im Züschener Steinkammergrab zeigen gabelartige Zeichen, die man als Rinder deutet, zweirädrige Wagen mit Deichseln und eine gesichtsartige Darstellung der „Dolmengöttin“.
Von den nordhessischen Steinkammergräbern der Wartberg-Gruppe hat das südlich von Altendorf bei Naumburg (Kreis

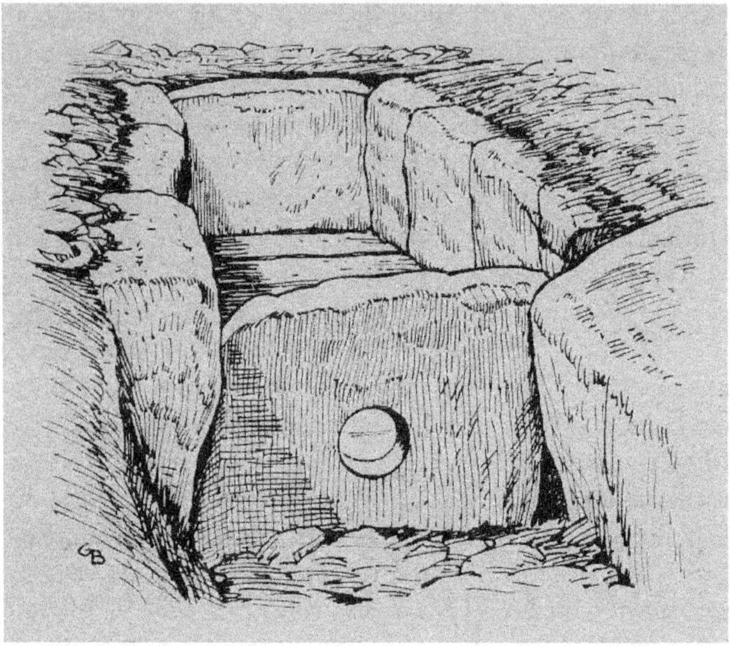

Steinkammergrab von Züschen mit Seelenloch.
Zeichnung: Gerhard Beuthner (1867–nach 1935),
veröffentlicht in dem Erdal-Bilderbuch
„Aus Deutschlands Vorzeit“ (1937)
von Erich Lissner (1902–1980)

Kassel) entdeckte Grab mit mindestens 235 Bestattungen den besten Einblick in die Bestattungssitten dieser Kulturstufe ermöglicht. Dieses Grab hatte seit etwa 1907 beim Pflügen gestört. Als der Besitzer des Ackers 1921 die Steinplatten entfernen wollte, fand er menschliche Knochen und Schädel. Er meldete seine Entdeckung, worauf der damalige Vorsitzende des „Hessischen Geschichtsvereins", General a. D. Gustav Eisentraut (1844–1926) aus Kassel und der Kasseler Biblio-thekar Wilhelm Christian Lange (1857–1928) das Grab un-tersuchten. Weil die beiden das Alter des Fundes nicht ahnten, erlaubte man dem Bauern, die Steine zu beseitigen. Dabei kamen auch zwei Steine mit jeweils der Hälfte eines „Seelenloches" ans Tageslicht. Erst der damals in Kassel wirkende Archäologe Wilhelm Jordan (1903–1983) hat 1934 die Bedeutung des Steinkammergrabes erkannt und dessen Reste ausgegraben. Dieses Steinkammergrab war 17 Meter lang und 2,90 Meter breit. Die Grabkammer und der Vorraum wurden durch den Türlochstein getrennt. Das „Seelenloch" darin ist nur 33 bis 37 Zentimeter breit. Wenn es tatsächlich zur Beerdigung diente, konnten sich wohl nur schmalgebaute Erwachsene oder Jugendliche hindurchzwängen. Auch der Tote durfte nicht überge-wichtig sein.

In Altendorf wurden die Verstorbenen in Rückenlage auf den Boden der Grabkammer gebettet, vielleicht mit Zweigen bedeckt und dann mit kiesigem Erdreich überdeckt. Im Laufe der Zeit hatte man eine Schicht des Grabraumes mit etwa 32 Toten belegt, acht hintereinander und vier nebeneinander. Die folgenden Bestattungen wurden teilweise zwischen die älteren gelegt, wobei man sie mit Erde und Steinen bedeckte, die man in gewissem Maße älteren Gräbern entnahm, die man gelegentlich aus Platzmangel umräumen musste. Die sich dabei ansammelnden Knochen stapelte man aufeinander.

Manchmal räumte man auch Schädel zur Seite, türmte einige von ihnen zu einer Pyramide auf, legte andere zu „Nestern“ zusammen oder reihte sie längs der Wände auf dem Knochenlager auf. Die Schädel lagen meist mit dem Schädeldach nach unten. In allen Fällen war der Unterkiefer abgelöst, befand sich aber oft in der Nähe.

Leichenbrandreste aus dem 6 mal 3 Meter großen Steinkammergrab von Lohra (Kreis Marburg-Biedenkopf) beweisen, dass die dort bestatteten Männer, Frauen und Kinder nach ihrem Tod verbrannt worden sind. Auffälligerweise hatte man diesen Brandbestattungen reichlich Keramik mit ins Grab gegeben. Die mehr als 20 teilweise vollständig erhaltenen Gefäße standen oder lagen auf dem Boden der Grabkammer und wurden von den Überresten des Brandes umhüllt.

Die seit 1894 bekannten Rinderdarstellungen des Züschener Steinkammergrabes in Nordhessen galten lange Zeit als die einzigen Kunstwerke der Wartberg-Gruppe. Erst 1986 hat man bei Ausgrabungen des Prähistorikers Klaus Günther aus Bielefeld und des Studenten Dirk Krauße-Steinberger aus Kiel ein weiteres Kunstwerk dieser Gruppe im Nordwesten von Warburg (Kreis Höxter) in Nordrhein-Westfalen entdeckt. Dabei handelt es sich um einen von 25 Wandsteinen der etwa 26 Meter langen und durchschnittlich 2,50 Meter breiten Steinkammer mit eingravierten Motiven. Auf dieser 1,90 Meter breiten, 2,40 Meter langen und 0,50 Meter dicken Steinplatte wurden Wellen- und Zickzacklinien, ein kammähnliches und gabelförmige Zeichen und ein kleiner Kreis eingepickt. Die gabelförmigen Zeichen werden – wie in Züschen – als abstrakte Rinder gedeutet.

Der Prähistoriker Klaus Günther deutete die schematischen Rinder- und Wagendarstellungen sowie die geometrischen Zeichen auf den Steinkammergräbern von Züschen und

Warburg als religiöse Symbole. Sie spielten nach seiner Ansicht eine wichtige Rolle im Totenkult jener Zeit, hatten aber darüber hinaus eine das ganze Leben umfassende religiöse und kultische Bedeutung. Die Rindergespanne und Wagen an den Wänden der Gemeinschaftsgräber waren laut Günther keine bildlichen Beigaben für die Toten, sondern Attribute einer auch im Jenseits herrschenden weiblichen Gottheit, der „Dolmengöttin". Die Zeichen Kreis, Kamm und Zickzacklinie symbolisierten vermutlich Naturerscheinungen der Sonne, des Regens und des Wassers bzw. der Lebenskraft.
Besonders beliebte Schmuckstücke waren Unterkieferhälften von Wild- und Haustieren, die vielleicht als Bestandteil von Amuletten dienten. Allein im Steinkammergrab von Altendorf fand man 66 Unterkieferhälften vor allem vom Fuchs, aber auch von der Wildkatze, vom Iltis, Igel, Hund und Schwein. Im selben Grab wurden außerdem insgesamt 118 durchbohrte Reißzähne von Hunden geborgen, die einzeln oder in Gruppen bis zu 14 Stück an einer Halskette hingen. Unter den Schmuckstücken von Altendorf befand sich als Seltenheit ein kupfernes Spiralröllchen, das man auf einem Kinderschädel entdeckte. In Niedertiefenbach kamen sogar 21 Bernsteinperlen, fünf Kupferspiralen und ein kupferner Ohrring zum Vorschein.
Einen Hinweis auf Musikinstrumente liefert eine Miniaturtrommel aus Ton vom Wartberg. In der benachbarten Walternienburg-Bernburger Kultur waren damals mit Tierhäuten bespannte Tontrommeln keine Seltenheit.
Die Menschen der Wartberg-Gruppe haben ihre Siedlungen gern auf Bergen errichtet. Spuren solcher Höhensiedlungen entdeckte man außer auf dem namengebenden Wartberg auch auf dem Hasenberg bei Lohne unweit von Fritzlar (Schwalm-Eder-Kreis), auf dem Bürgel, Güntersberg und Odenberg bei

Erdwerk bei Wittelsberg im Ebsdorfer Grund.
Zeichnung: Fritz Wendler (1941–1995)
für das Buch „Deutschland in der Steinzeit“ (1991)
von Ernst Probst

Gudensberg (alle drei im Schwalm-Eder-Kreis), einem Berg bei Lohra (Kreis Marburg-Biedenkopf) und auf dem Plateau des Weißen Holzes bei Rimbeck (Kreis Höxter). Die Wahl solcher hochgelegener Standorte deutet auf ein gewisses Schutzbedürfnis und somit auf unruhige Zeiten hin.
Wo es keine Anhöhen gab, legten die Wartberg-Leute ihre Siedlungen auch im Flachland an. Sie waren teilweise mit Gräben, Wällen und Palisaden geschützt.
Bei Calden (Kreis Kassel) wurde 1976 aus der Luft ein Erdwerk entdeckt, weil das Getreide auf den in den Kalkboden eingetieften und später mit Humus verfüllten ehemaligen Gräben dieser Anlage höher wuchs als in der Umgebung. Die längeren Halme werfen bei bestimmten Lichtverhältnissen Schatten und waren zudem intensiver gefärbt. Im Sommer 1988 konnte man diese Erscheinung vom Boden aus erkennen und die Anlage zum Teil vermessen. Ab 1988 wurde sie durch die Prähistoriker Irene Kappel und Dirk Raetzel-Fabian aus Kassel untersucht. Das Caldener Erdwerk ist von zwei ovalen bis kreisförmigen Gräben umgeben, die eine Fläche von etwa 480 mal 400 Metern einschließen. Luftbilder und geophysikalische Messungen zeigten, dass der Doppelgraben an sieben Stellen durch Erdbrücken unterbrochen war. Bei Grabungen an einer dieser Unterbrechungen wurden kleine Fundamentgräben eines zweiräumigen Einbaues gefunden.
Eine weitere eindrucksvolle befestigte Siedlung der Wartberg-Gruppe im Flachland wurde 1989/1990 bei Wittelsberg im Ebsdorfergrund östlich von Marburg durch den Marburger Prähistoriker Lutz Fiedler untersucht. Zwei mehrere Meter breite und 3 Meter tiefe Gräben schützten dort ein 140 mal 130 Meter großes ovales Siedlungsareal vor Angreifern. Der Aushub aus den Gräben war zu Wällen und Bastionen aufgeschüttet. Die Wälle hatte man durch starke Pfostenreihen

vor dem Abrutschen bewahrt. Die Außenfront der Umwallung ragte ursprünglich bis zu 7 Meter aus dem Grabenwerk. Innerhalb der Gräben wurden Reste von 5 bis 6 Meter breiten Langhäusern, deren Länge nicht bekannt ist, und sieben Kellergruben von jeweils 4 mal 4,50 Meter Größe festgestellt. Vor wem sich die Wartberg-Leute zu schützen versuchten, weiß man nicht. Vielleicht kam es zeitweise zu bewaffneten Konflikten um Vieh, Vorräte und Land, Auch Frauenraub ist nicht auszuschließen. Die Erdwerke hatten neben der Funktion als Festungsanlage auch den Zweck, wirtschaftliche, militärische, religiöse und politische Macht zu repräsentieren. Nach Ansicht von Lutz Fiedler dokumentiert eine befestigte Siedlung dieser Art mit den dafür notwendigen Voraussetzungen sozialer und politischer Organisation die Ursprünge und Anfänge stadtähnlicher Siedungen Mitteleuropas schon in der Jungsteinzeit.

Die Scherben von „Wiesbaden-Hebenkies“

In der Wiesbadener Gegend hat man bisher kein Steinkammergrab der Wartberg-Gruppe entdeckt. Am nächsten liegt das 6,60 Meter lange und 2,50 Meter breite Steinkammergrab von Niederzeuzheim, einem Stadtteil von Hadamar (Kreis Limburg-Weilburg). Dessen Längsseiten bestanden jeweils aus vier durchschnittlich 1,80 Meter hohen und bis zu 40 Zentimeter dicken Steinplatten. Den Eingang bildeten drei unterschiedlich große Steine, als Abschluss diente ein einziger Block. Menschliche Röhrenknochen befanden sich in einer kleinen mit Steinen verkleideten Grube sowie an anderen Stellen. Im Grabungsschutt barg man nur ein Schieferbeil und ein Beil aus Diabas. Über das Stein-

kammergrab von Niederzeuzheim hat 1955 der Wiesbadener Archäologe Helmut Schoppa in den Publikationen „Nassauische Heimatblätter“ Bodendenkmäler in Nassau V) und „Germania“ berichtet.
Spärliche mutmaßliche Siedlungsreste der Wartberg-Gruppe kennt man aus dem Waldstück „Wiesbaden-Hebenkies“. Dabei handelt es sich nur um Keramikfragmente und nicht um Pfostenlöcher, Hölzer und Hüttenlehm einer ehemaligen Behausung. Die Tonscherben kamen bei Nachgrabungen zwischen 1975 und 1977 unter einem bereits im Dezember 1817 von dem Kurgast Wilhelm Dorow untersuchten Grabhügel der jüngeren Schnurkeramischen Kulturen zum Vorschein. Bis dahin hatte der Hügel die Siedlungsschicht geschützt. In der Siedlungsschicht und in der Aufschüttung des Hügels barg man bei den Nachgrabungen zahlreiche Keramikfragmente, von denen die meisten unverziert waren. Aus unsicherem Zusammenhang stammen elf verzierte Scherben. Davon sind neun Scherben mit schräggestellten, länglichen Einstichreihen verziert und gehörten möglicherweise zu einem einzigen Tongefäß. Diese neun Scherben befanden sich entweder in der Hügelschüttung oder in einer Störung derselben. Aus der Hügelschüttung könnten auch zwei mit Fischgrätenmuster verzierte Scherben von einer mutmaßlichen Amphore sein. Weil zusammen mit den elf verzierten Scherben keine menschlichen Skelettreste beobachtet wurden, dürfte es sich auch dabei um Siedlungsreste handeln. Gefäßformen mit Einstichreihen wie in „Wiesbaden-Hebenkies“ gelten als völlig untypische Grabbeigaben, sind jedoch aus Siedlungen bekannt. Da die Siedlungsschicht von „Wiesbaden-Hebenkies“ unter einem Grabhügel der jüngeren Schnurkeramischen Kulturen liegt, muss sie älter sein als jener Hügel. Dies bedeutet, dass die Siedlungsschicht unter dem

Steinerne Pfeilspitze von der Fundstelle „Kastel 82".
Länge: 3,8 Zentimeter. Entdecker: Björn Böhm, Wiesbaden.
Foto: Dr. Bernd Steinbring, hessenARCHÄOLOGIE

Hügel entweder den älteren Schnurkeramischen Kulturen oder der Wartberg-Gruppe angehört. Weil das Waren- und Formenspektrum der unverzierten Keramik in der Siedlungsschicht unter dem Hügel mit dem der Wartberg-Gruppe vergleichbar ist, deutet alles auf eine Datierung in diese Kulturstufe hin.

2010 entdeckte der Wiesbadener Hobby-Archäologe Björn Böhm bei einer Begehung der Fundstelle „Kastel 82" mit einer Metallsonde neben einem metallenen römischen Beschlag und Schlüsselring auch eine steinerne Pfeilspitze. Der 3,8 Zentimeter lange Fund aus Silex blieb im Besitz des Entdeckers. Von der kunstfertig zurechtgeschlagenen Pfeilspitze ohne Stiel existieren Fotos. Ähnliche Pfeilspitzen gab es in der jungsteinzeitlichen Wartberg-Gruppe, meint der Wiesbadener Wissenschaftsautor Ernst Probst.

*Mit Dolch und Streitaxt bewaffneter berittener Krieger der Schnurkeramischen Kulturen.
Zeichnung: Fritz Wendler (1941–1995)
für das Buch „Deutschland in der Steinzeit" (1991)
von Ernst Probst*

Die Schnurkeramischen Kulturen

Von etwa 2.800 bis 2.400 v. Chr. traten in weiten Teilen Mitteleuropas und darüber hinaus die Schnurkeramischen Kulturen auf. Ihr Verbreitungsgebiet reichte vom Elsass im Westen bis zur Ukraine im Osten und von der Westschweiz im Süden bis nach Südnorwegen im Norden. Da für diese Kulturen der Besitz von tönernen Bechern und Streitäxten kennzeichnend ist, spricht man auch von Becher-Kulturen oder Streitaxt-Kulturen.

Der Begriff Schnurkeramische Kulturen geht auf den Berliner Prähistoriker Alfred Goetze zurück, der 1891 als Erster von Schnurverzierter Keramik und Schnurkeramik sprach. Dieser Name bezieht sich darauf, dass die Tongefäße jener Kulturen häufig durch die Abdrücke von Schnüren verziert sind. Manche Zweige der Schnurkeramischen Kulturen hat man anderen Merkmalen benannt.

In Westdeutschland existierten diese Kulturen in fast allen Gebieten. In Norddeutschland bildete die Einzelgrab-Kultur den nordöstlichsten Zweig der Schnurkeramischen Kulturen. Und in Ostdeutschland behaupteten sich die Schnurkeramischen Kulturen in Sachsen, Sachsen-Anhalt, Thüringen, Brandenburg und Mecklenburg neben der dort teilweise gleichzeitig auftretenden Kugelamphoren-Kultur.

Mit dem Auftreten der Schnurkeramiker änderte sich das Aussehen der Menschen in der Jungsteinzeit erheblich. Die stärker ausgeprägten großen Langschädel und schmalen Gesichter wiesen deutlich gröbere Gesichtszüge auf. Sie gleichen darin wieder mehr den Menschen, die in der Mittelsteinzeit und in der frühesten Jungsteinzeit im gleichen Siedlungsraum lebten.

Die Herkunft der Schnurkeramiker in Mitteleuropa war lange umstritten. Früher hielt man sie für aus dem Osten eingewanderte Steppennomaden, die in die Gebiete der Trichterbecher-Kultur und anderer Kulturen eingedrungen waren. Die Annahme, es handele sich um nichtsesshafte Viehzüchter, begründete man mit den auffällig seltenen Siedlungsspuren, dem Übergewicht an Grabfunden, dem angeblichen Fehlen von Hinweisen auf Ackerbau und Viehhaltung.

Nach dem neuesten Forschungsstand geht man jedoch davon aus, dass sich die Schnurkeramischen Kulturen unter Aufnahme neuer kultureller Strömungen aus der Trichterbecher-Kultur entwickelten und dass auch die Schnurkeramiker Bauern waren. Zeitweise hatte man in ihnen wegen ihrer weit nach Osten reichenden Verbreitung sogar die ersten bekannten Indogermanen gesehen. In Wirklichkeit waren sie jedoch keine einheitliche Erscheinung, weshalb von einem Volk mit gleicher Sprache keine Rede sein kann.

Die hohe Kunst der schnurkeramischen Medizinmänner spiegelt sich vor allem in den Schädeloperationen (Trepanationen) wider. Bisher kennt man allein aus Mitteldeutschland mehr als 15 solcher Eingriffe, die ausschließlich an Männern vorgenommen wurden. Heilungsspuren an den Knochen rund um die Trepanationsöffnung zeigen, dass die meisten Operierten die Prozedur längere Zeit überlebten. Bei je einem Fall in Pritschöna (Kreis Merseburg) und in Wechmar (Kreis Gotha) sind sogar zwei hintereinander heil überstandene Trepanationen nachgewiesen.

Über die Siedlungen der Schnurkeramiker weiß man bisher wenig. Die auffällig geringe Zahl an bekannten Siedlungen ist vielleicht durch eine Bauweise bedingt, die kaum Spuren im Boden hinterließ. In Mitteldeutschland haben die Schnurkeramiker auch in Ödgebieten und an Gebirgsrändern gewohnt. Diese Ausweitung des Siedlungsgebietes auf Regionen mit schlechten Ackerböden deutet auf eine Zunahme der Bevölkerung und vermehrte Viehzucht hin. Schnurkeramische Siedlungsreste am Fundort Hornstaad-Schlößle (Kreis Konstanz) auf der Halbinsel Höri am Bodensee in Baden-Württemberg und in der Schweiz belegen, dass die Schnurkeramiker auch Seeufersiedlungen errichteten. Befestigte Siedlungen auf Höhen sind bisher nicht bekannt. Reste von Getreide und Hülsenfrüchten, Abdrücke von Getreidekörnern an Tongefäßen sowie Hakenpflugspuren unter schnurkeramischen Grabhügeln in Holland, Norddeutschland und Dänemark zeugen vom Ackerbau. Ausgesät und geerntet wurden vor allem Emmer und Gerste, daneben aber auch Einkorn, Zwergweizen, Rispenhirse und Linse.

Knochenreste aus schnurkeramischen Siedlungen beweisen, dass deren Bewohner neben Rindern, Schweinen, Schafen, Ziegen und Hunden auch Pferde als Haustiere hielten. Hunde erfreuten sich offenbar besonderer Wertschätzung, wie die häufige Verwendung ihrer Eckzähne für Schmuckketten zeigt. Die Schnurkeramiker setzten für den Transport von schweren oder sperrigen Lasten zuweilen von Rindern gezogene Wagen ein. Ableiten lässt sich dies aus den Funden von drei hölzernen Rädern aus der schweizerischen Siedlung Zürich-Dufourstraße und eines hölzernen Scheibenrades aus der Eese in der holländischen Provinz Overijssel. Von Schnurkeramikern sind vermutlich die durch morastige Gegenden führenden Holzbohlenwege in der holländischen Provinz Drenthe angelegt worden. Es liegt nahe, dass auch die Schnurkeramiker in Deutschland Wägen und Wege bauten. Bei den an Seeufern legenden Siedlungen ist die Verwendung von Einbäumen als Wasserfahrzeuge denkbar.

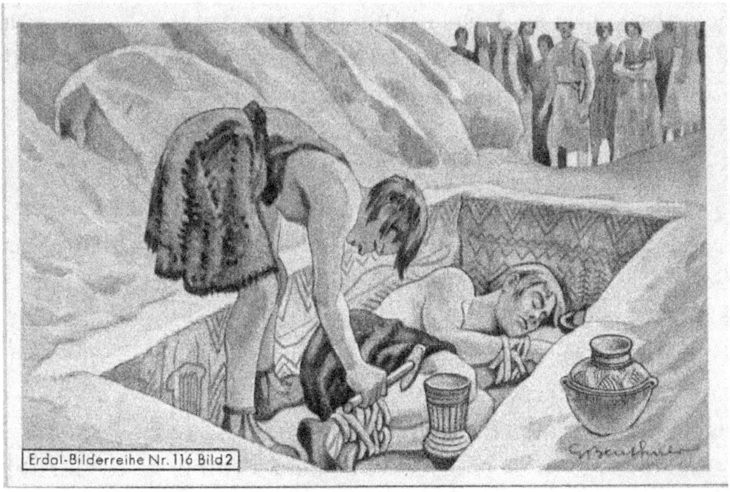

Steinkammergrab von Göhlitzsch.
In der Literatur wird dieses Steinkammergrab
den Schnurkeramischen Kulturen, der Salzmünder Kultur
und der Bernbrger Kultur zugerechnet.
Zeichnung: Gerhard Beuthner (1867–nach 1935),
veröffentlicht in dem Erdal-Bilderbuch
„Aus Deutschlands Vorzeit“ (1937)
von Erich Lissner (1902–1980)

Nach den Funden in den Gräbern zu schließen, hatten die Angehörigen der Schnurkeramischen Kulturen eine große Vorliebe für Schmuck. In Frauengräbern barg man häufig Halsketten mit durchbohrten Tierzähnen, die meist von Hunden stammten. An den Ketten hingen mitunter bis zu 100 Tierzähne. In Wolkshausen (Kreis Würzburg) fand man etwa 130 durchbohrte Tierzähne, die anscheinend auf die Kopfzier einer Frau aufgenäht waren. Um den Leib gelegte Gürtel verschloss man mit aus Knochen geschnitzten Platten. Ein derartiger Kleidungsbestandteil kam in einem schnurkeramischen Männergrab von Edertal-Bergheim (Kreis Waldeck-Frankenberg) in Hessen zum Vorschein. In anderen Männergräbern entdeckte man – wenngleich viel seltener – aus Eberzähnen und Bernstein geschaffene Schmuckstücke. Außerdem gab es Knochennadeln, Muschelschmuck, Rötel zum Schminken und Kupferschmuck.

Allein in Mitteldeutschland wurden in etwa 50 Gräbern kupferne Schmuckstücke gefunden: nämlich Blechröhrchen, Spiralröllchen, Spiralringe, Armringe, Kopfbänder, Fingerringe und Perlen. Manchmal zeugen nur Patinaspuren an Skelettresten von vergangenen Kupferschmuckstücken. Ähnliche Funde kennt man auch aus Westdeutschland. So wurden beispielsweise in Kelsterbach bei Frankfurt am Main in Hessen drei Armspiralen, vier Fingerspiralen und 106 Tropfenperlen aus Kupfer entdeckt.

Zu welch großen künstlerischen Leistungen die Schnurkeramiker fähig waren, zeigt die Ausschmückung der Steinkammergräber im Ortsteil Göhlitzsch von Leuna (Kreis Merseburg) und in der Dölauer Heide bei Halle/Saale in Sachsen-Anhalt. Das Steinkammergrab von Göhlitzsch wurde bereits 1750 entdeckt. Alle sechs Wandplatten des 2,19 Meter langen, 1,25 Meter breiten, 1,25 Meter hohen, mit drei

Blöcken abgedeckten Grabes wurden auf der Innenseite durch eingravierte sowie aufgemalte Muster und Darstellungen verschönert. Die Muster ahmen vielleicht Wandbehänge nach, die es damals womöglich schon in manchen Häusern gab. Diese Vermutung äußerte jedenfalls bereits der Prähistoriker Hans Hahne (1875–1935) aus Halle/Saale. Sämtliche Wandplatten des Göhlitzscher Steinkammergrabes wurden oben durch einen Zackenfries begrenzt. Auf der bekanntesten Platte fand sich darunter eine waagrechte Linie, die beidseitig von kleinen Zacken gesäumt war. Darunter folgte die Darstellung eines querliegenden Bogens. An dieses Waffenmotiv schloss sich ein Teppichmuster aus vier Feldern mit Zickzacklinien an. Zwischen den Feldern sind jeweils zwei senkrechte Linien mit kurzen waagrechten oder schrägen Strichen angebracht. Links neben Zackenfries, Bogen und Teppichmuster ist ein mit sechs Pfeilen gefüllter Köcher zu erkennen.
Auch auf anderen Göhlitzscher Wandplatten sind neben Zackenfriesen und Tannenzweigmustern bemerkenswerte Darstellungen hinterlassen worden. So ist im unteren Drittel eines dieser Wandsteine eine querliegende geschäftete Axt abgebildet, deren Klinge zum Boden weist.
Ein verziertes Steinkammergrab auf dem kleinen Hochplateau namens Bischofswiese in der Dölauer Heide wurde bei Ausgrabungen des früher in Halle/Saale tätigen Prähistorikers Hermann Behrens in den Jahren 1953 und 1955 erforscht. Dieses Grab bestand aus 13 Wandsteinen und wurde mit sechs länglichen Platten abgedeckt. Die Grabkammer war innen 3,20 mal 1,20 Meter groß und einen Meter hoch. Von den Wandsteinen sind sieben auf der Innenseite mit eingravierten und zum Teil aufgemalten Mustern geschmückt. Als Verzierung dienten Wolfszahn-, Tannenzweig-, Zickzack-, Leiter- und alternierende Schrägstrichmuster. Auf einer der Wandplatten

befindet sich am linken Rand eine 36 Zentimeter hohe und maximal 21,5 Zentimeter breite eiförmige Gestalt. die als stilisiertes Abbild der „Dolmengöttin“ gilt. Rechts neben dieser Gottheit wurde ein rätselhaftes haken- oder galgenförmiges Zeichen eingraviert, das aus einem senkrechten Balken mit nach links gewandtem kürzerem Querbalken besteht. Solche galgenförmigen Zeichen treten auf einem anderen Wandstein sogar viermal auf.
Die Knochenreste aus dem Steinkammergrab in der Dölauer Heide stammen vermutlich nur von einem einzigen Menschen. Dieses mit so viel Aufwand und Geschick verzierte Grab dürfte ebenso wie das von Göhlitzsch für einen Häuptling bestimmt gewesen sein, den man vermutlich mit reichen Beigaben versah, damit es ihm im Jenseits an nichts mangeln sollte.
Unter den Tongefäßen der Schnurkeramischen Kulturen überwogen die Becher und Amphoren, die beide je einen Anteil von schätzungsweise 40 Prozent hatten. Bei den Bechern handelte es sich um hohe schlanke Gefäße von häufig erstaunlicher Größe, die heutige Vorstellungen vom Becher weit übertrifft. Die Becher besaßen einen ausgeprägten Standboden und waren meist auf dem Gefäßoberteil verziert. Die rundbauchigen Amphoren trugen Henkel am Bauch und Verzierungen auf der Gefäßschulter. Weitere 10 Prozent entfielen auf Schalen ohne und mit Füßchen, etwa 5 Prozent auf Henkelkannen und -tassen und die restlichen 5 Prozent auf Näpfe, Deckeldosen und ovale Wannen.
Die schnurkeramischen Töpfer haben die Außenwand der meisten Tongefäße verziert, der Boden blieb in der Regel ohne Muster. Unter den Verzierungsmustern überwogen Ornamente, die man mit Hilfe von geflochtenen Schnüren herstellte, die vor dem Brand im Töpferofen in den weichen Ton

eingedrückt wurden. Auf diese Schnurabdrücke geht – wie erwähnt – der Name dieser Kultur zurück. Bei einer weiteren Verzie-rungstechnik drückte man kurze Schnurstücke in den Ton und fügte sie zu Dreieck- oder Fransenmustern zusammen. Außer diesen Schnurverzierungen gab es aber auch einen Dekor, der mit spitzen, kantigen oder rundlichen Holzstäben eingeschnitten oder gestochen wurde. So hat man unter anderem Linien-, Zickzack-, Strichbündel-, Tannenzweig-, Sparren-, Dreieck-, Trapez-, Leiter- und Flechtbandmuster geschaffen.

Die Schnurkeramiker beherrschten meisterhaft die Herstellung von Werkzeugen und Waffen aus unterschiedlichen Steinarten. Aus Feuerstein schlugen sie neben Beilen, Meißeln und Klingen, die wohl als Werkzeuge dienten, auch formvollendete Waffen wie Dolche und Pfeilspitzen zurecht. Felsgestein diente als Rohstoff für durchlochte Keulenköpfe, Arbeits- und vor allem Streitäxte, die kunstgerecht zugeschliffen wurden.

Bei der Formgebung der Feuersteindolche und steinernen Streitäxte kopierte man das Erscheinungsbild kupferner Vorbilder. Für die Streitäxte der Schnurkeramiker sind die asymmetrische Schneide und die feinpolierte metallisch glänzende Oberfläche kennzeichnend. Bei den steinernen Streitäxten wurden sogar die Gussnähte der Kupferäxte nachgeahmt.

Deutlich seltener als Steingeräte hat man Werkzeuge und Waffen aus Tierknochen geschnitzt. Aus Knochen schuf man unter anderem Meißel, Pfrieme und Dolche. Das Rohmaterial hierfür stammte von geschlachteten Haustieren. Daneben besaßen die Schnurkeramiker aber auch Pfrieme und Dolche aus Kupfer. Die Dolche waren – nach ihrer Verwendbarkeit zu schließen – eher Prunk- als Gebrauchsgeräte. Es hat den

Anschein, als habe das Metall bei den Schnurkeramikern eine besondere, prestigebehaftete Bedeutung besessen.
Die Schnurkeramiker haben ihre Toten nur ganz selten verbrannt. Einzelbestattungen waren die Regel. Es gab aber auch Doppelbestattungen sowie zu Gruppen vereinte Gräber und sogar große Gräberfelder. Der Körper eines Verstorbenen wurde mit Vorliebe in westöstlicher Richtung zur letzten Ruhe gebettet. Die Beine waren zum Körper hin angezogen. Es handelte sich also um „liegende Hocker". Nordsüdliche Ausrichtung der Leichen bildete die Ausnahme. Das Gesicht der Toten wies überwiegend nach Süden. Männer lagen auf der rechten Körperseite mit dem Schädel im Westen, Frauen auf der linken Körperseite mit dem Kopf im Osten.
Manche Bestattungen wichen auffällig vom Üblichen ab. So hatte man beispielsweise je einem Schnurkeramiker in Elstertrebnitz-Trautzschen (Kreis Borna) in Sachsen und auf dem Säringsberge bei Helmsdorf (Kreis Hettstedt) in Sachsen-Anhalt den Kiefer abgetrennt. Bei der Bestattung von Elstertrebnitz-Trautzschen waren Ober- und Unterkiefer zerbrochen und zwischen den vermutlich gefesselten Schenkeln eingeklemmt. Vielleicht handelte es sich bei diesen Sonderbestattungen um Außenseiter der Gesellschaft, deren Wiederkehr man verhindern wollte.
Auf Spuren eines Massakers um 2.500 v. Chr. stießen Archäologen 2005 in Eulau unweit von Naumburg an der Saale in Sachsen-Anhalt. In einem Kiestagebau fanden sie vier Gräber mit insgesamt 13 menschlichen Skeletten. Es waren zwei Männer, drei Frauen und acht Kinder, die durch Pfeilschüsse und Axthiebe ihr Leben verloren haben. Ihre Mörder kamen vermutlich, als das Gros der Männer ihr Dorf verlassen hatte. Nach der Hockerlage, der Blickrichtung und den Beigaben der Toten zu schließen, handelte es sich bei

diesen um Schnurkeramiker. Querstehende Pfeilspitzen, die eine junge Mutter getötet hatten, sind typisch für die Schönfelder Kultur. Die Art und der Gehalt des Elements Strontium im Zahnschmelz der drei ermordeten Frauen unterschied sich von den Werten der umgebrachten Männer und Kinder. Anscheinend waren die Frauen nicht an der Saale, sondern im Harz aufgewachsen, wo sie von Schnurkeramikern entführt wurden. Aus dem Harz kamen die Mörder, die aus Rache, Wut und Neid handelten.

Die Gräber der Schnurkeramiker hatten unterschiedliche Formen. Man kennt vor allem Hügelgräber, die mitunter von Steinringen und Ringgräben umgeben waren, aber auch einfache flache Erdgräber, Gräber mit Holzeinbau (Totenhütten) oder Steinkammergräber. Auch die hölzernen Totenhütten für vornehme Krieger oder Häuptlinge überdeckte man mit Erdhügeln. Bei einzelnen Steinkammergräbern – wie dem Grab von Göhlitzsch – ist unklar, ob sie von den Schnurkeramikern selbst erbaut wurden oder ob es sich um vorgefundene Anlagen handelt, die man für eigene Bestattungen benutzte.

Als größtes schnurkeramisches Gräberfeld gilt der bereits erwähnte Fundort Schafstädt in Sachsen-Anhalt. Dort konnte man rund 100 Gräber nachweisen. Besonders interessant ist ein Steinkammergrab, für das ein 94 Zentimeter langer Menhir als Baumaterial verwendet wurde. Auf der Vorderseite des Menhirs sind ein menschliches Gesicht, Arme, Hals- und Brustschmuck, ein Gürtel und ein kammartiger Gegenstand zwischen den Händen zu erkennen. Der Menhir wurde mit der Spitze, also mit dem Gesicht nach unten, in den Boden gesteckt und als Wandteil benutzt. Man hat also die Bilddarstellung darauf ignoriert.

In Süddeutschland ist das Gräberfeld im Stadtteil Dittigheim von Tauberbischofsheim (Main-Tauber-Kreis) in Baden-

Württemberg mit 33 Gräbern und insgesamt 63 Bestattungen der umfangreichste schnurkeramische Friedhof. Dort kamen auffällig viele Gemeinschaftsbestattungen vor. In drei Gräbern hatte man zwei Menschen beerdigt. in acht Gräbern fand man Dreierbestattungen und in zwei Gräbern sogar mehr als drei Tote. Einzelbestattungen waren ausschließlich Männern oder Kindern vorbehalten. Dagegen wurden Frauen in immer wieder benutzten Gräbern oder bei gleichzeitig erfolgten Gemeinschaftsbestattungen zur letzten Ruhe gebettet.
Ein etwas kleineres Gräberfeld hat man in Bergrheinfeld (Kreis Schweinfurt) in Bayern entdeckt. Es ist mit mehr als 25 Gräbern der größte schnurkeramische Friedhof in diesem Bundesland.
Zur Standardausrüstung der bestatteten Schnurkeramiker gehörten ein Becher und eine Amphore, daneben fand man noch andere Tongefäße. Den Männern legte man Waffen aus Stein, aus Knochen und mitunter aus dem wertvollen Metall Kupfer ins Grab. Die Frauen stattete man reichlich mit Schmuck aus. Diese Grabbeigaben zeugen nicht nur von großer Wertschätzung der Verstorbenen, sondern auch vom Glauben an das Weiterleben im Jenseits. Gelegentlich mussten den Toten sogar Hunde als Begleiter ins Grab folgen, wie Funde aus Thüringen zeigen.
Was und wie diese Menschen ihren Gottheiten opferten, weiß man nicht. Vielleicht schreckten sie sogar vor Menschenopfern nicht zurück. Als Hinweise in dieser Richtung gelten die erwähnten Dreifachbestattungen von Dittigheim. Bei den offenbar gleichzeitig beerdigten Menschen handelt es sich fast immer um eine erwachsene Frau, die zusammen mit einem Kleinkind und einem größeren Kind oder Jugendlichen bestattet wurde.

Ausgräber Wilhelm Dorow (1790–1846).
Bild: Karikatur von 1828

Schnurkeramiker in Wiesbaden

Während eines Kuraufenthaltes grub der preußische Gesandtschaftssekretär in Kopenhagen, Wilhelm Dorow (1790–1846), ab 15. Dezember 1817 an der Platter Straße im Waldstück „Wiesbaden-Hebenkies“ einen Grabhügel aus der Zeit der Schnurkeramischen Kulturen aus. Der Erdhügel hatte – laut Dorow – einen Umfang von ungefähr 80 Schritten und eine Höhe von 15 Fuß (etwa 4,50 Meter). Im Volksmund hieß es, gemäß einer alten Sage solle jener Hügel die Grabstätte eines Fürsten vor der Römerzeit gewesen sein. Zum Fundgut gehörten eine steinerne Streitaxt, Bruchstücke verzierter Tongefäße sowie verbrannte Reste eines menschlichen Skelettes.

Bei den Tongefäßen handelte es sich um eine große, mit Ritzlinien verzierte und mit zwei Henkeln versehene Amphore, eine kleine Amphore und zwei Becher mit Schnurabdrücken. Der Ausgräber glaubte, die Streitaxt habe „eher zum Schmuck als zum wirklichen Gebrauch gegen den Feind gedient“. Bearbeitung und Form bezeichnete er als vortrefflich. Solche steinernen Streitäxte sollen als Symbol des Kriegsgottes Thor in Gräber gelegt worden sein, „um dem Todten als einen Helden zu bezeichnen“. Der germanische Gott Thor aus der Eisenzeit passte allerdings nicht zu einem viel älteren jungsteinzeitlichen Grab. Ein Feuersteinmesser und ein Hirschhornpfriem von „Wiesbaden-Hebenkies“ gingen verloren. Die Tongefäße hielt Dorow für Urnen. Über die Grabung am Fundort „Wiesbaden-Hebenkies“ berichtete er in dem Werk „Opferstätte und Grabhügel der Germanen und Römer am Rhein, untersucht und dargestellt durch Dorow, königlich-preußischen Hofrath“, das 1819 bei L. Schellenberg,

Verzierter schnurkeramischer Becher
von Wiesbaden (Waldstück „Hebenkies").
Foto: Sascha Kopp, Wiesbaden

Hofbuchhändler und Buchdrucker in Wiesbaden erschien. Am Ende des Kapitels über „Wiesbaden-Hebenkies“ spekulierte Dorow: „Könnte dies nicht vielleicht auch Beweis seyn, daß asiatische Kolonisten von hoher Ausbildung in diesen Gegenden eingewandert sind, welche in Deutschlands Wäldern und rauem Klima verwilderten und bei denen sich die schönen Formen zwar erhalten hatten, Arbeit und Masse aber roh und barbarisch wurden“. Zum Fundgut aus dem schnurkeramischen Grabhügel von „Wiesbaden-Hebenkies“ gehörten auch Knochenreste, die Dorow als Stücke des „Oberkinnbackens mit zwei Zähnen“ und „Unterkinnbackens mit den ersten fünf Zähnen“ eines Pferdes deutete. Doch 1964 berichtete der Prähistoriker Hermann Behrens in seinem Werk „Die neolithisch-frühmetallzeitlichen Tierskelettfunde der Alten Welt“, der vermeintliche Pferdeschädel stamme, wie er von dem Berliner Prähistoriker Otto-Friedrich Gandert (1898–1983) erfahren habe, von einem menschlichen Kind. In „Aus Wiesbadens Vorzeit“ (1972) war statt von einem Pferde- oder Kinderschädel von einem Rinderschädel die Rede. Ein mit Schnurabdrücken verzierter 21,5 Zentimeter hoher tönerner Becher und eine aus Felsgestein geschliffene 21 Zentimeter lange Hammeraxt von „Wiesbaden-Hebenkies“ wurden 1991, als sie sich noch im „Museum Wiesbaden“ befanden, im Buch „Deutschland in der Steinzeit“ von Ernst Probst abgebildet.

Zu den Schnurkeramischen Kulturen gehören vermutlich ein Hügel an der „Kohlhecke“ mit trapezförmigem Steinbeil, ein Hockergrab in der Ziegelei Kaiser in Biebrich-Mosbach mit Rechteckbeil und eine Knaufhammeraxt aus Schierstein.

Wahrscheinlich stammt auch eine 25,5 Zentimeter lange verzierte kupferne Streitaxt, die in der Gegend von Mainz geborgen wurde, aus der Zeit dr Schnurkeramischen Kulturen.

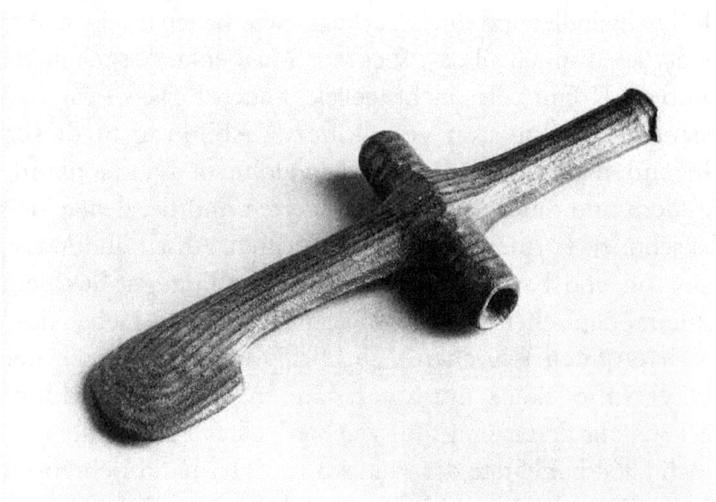

Verzierter schnurkeramische kupferne Streitaxt aus der Gegend von Mainz.
Foto: Landesmuseum Mainz

Der Originalfund wird im „Landesmuseum Mainz“ aufbewahrt. Auch dieser Prachtfund konnte 1991 im Buch „Deutschland in der Steinzeit“ von Ernst Probst bewundert werden.

Der ab 1938 in Wiesbaden bei der „Chemischen Fabrik Kalle“ arbeitende Journalist Erich Lissner bezeichnete im Erdal-Bilderbuch „Aus Deutschlands Vorzeit“ (1937) die Angehörigen der Schnurkeramischen Kulturen als „Schnurtöpfer“. Auch dieser Begriff setzte sich nicht durch.

Abbildung „Glockenbecherleute“
von Gerhard Beuthner (1867–nach 1935),
veröffentlicht in dem Erdal-Bilderbuch
„Aus Deutschlands Vorzeit“ (1937)
von Erich Lissner (1902–1980)

Die Glockenbecher-Kultur

Zu den rätselhaftesten Erscheinungen der Jungsteinzeit in Europa gehört die von Portugal im Westen bis nach Ungarn im Osten sowie von Italien im Süden bis nach England im Norden reichende Glockenbecher-Kultur, die von etwa 2.500 bis 2.000 v. Chr. nachweisbar ist. Sie war außer in den genannten Ländern auch in Spanien, Frankreich, Holland, Deutschland, der Schweiz, Österreich, in Tschechien und Polen vertreten. Ihre Herkunft ist unbekannt.
Der Begriff Glockenbecher-Kultur bezieht sich auf den weitmundigen Becher in Gestalt einer umgestülpten Glocke, der als typisches Tongefäß dieser Kultur gilt. Dieser Becher wurde 1895 durch den Prähistoriker Albert Voß (1837–1905) in Anlehnung an einen tschechischen Fundort als Brannowitzer Typus bezeichnet. Als erste benutzten italienische und tschechische Prähistoriker den Ausdruck „Glockenbecher", 1900 verwendete der damals in Mainz arbeitende Prähistoriker Paul Reinecke (1872–1958) diesen Begriff. Auch die Glockenbecher-Kultur wird zu den Becher-Kulturen gerechnet.
„Manche Menschen, vor allem Männer, der Glockenbecher-Kultur, besaßen einen auffällig steilen Hinterkopf, den sogenannten planoccipitalen Steilkopf. Ein Merkmal, für das es bis dahin in Mitteleuropa keine Vorläufer gab. Dies und einige andere Besonderheiten – beispielsweise spärliche Siedlungsspuren und zahlreiche Hinweise auf Pfeil und Bogen – hat dazu geführt, dass die Glockenbecher-Leute früher für einwandernde Bogenschützen und Kupfersucher gehalten wurden, die sich im Laufe der Zeit mit der einheimischen Bevölkerung vermischten." So heißt es in dem Buch „Deutschland in der Steinzeit" (1991) von Ernst Probst. Darin

wird mit einer Zeichnung des Malers Fritz Wendler (1941–1995) ein Krieger der Glockenbecher-Kultur zu Pferd mit Pfeil und Bogen sowie Armschutzplatte am linken Unterarm, die vor der zurückschnellenden Bogensehne schützte, dargestellt. Der australisch-britische Archäologe Vere Gordon Childe betrachtete die Glockenbecher-Leute als Missionare, die sich von Spanien kommend, in Europa ausbreiteten und die Kenntnis der Kupfermetallurgie mit sich brachten. Der Heilbronner Arzt und Prähistoriker Alfred Schliz (1849–1915) und der Mainzer Prähistoriker Karl Schumacher (1860–1934) bezeichneten die Glockenbecher-Leute 1912 und 1921 als „ein Volk reisiger Bogenschützen". Der Stuttgarter Prähistoriker Oscar Paret (1889–1972) sprach von „Nomaden". Der Freiburger Prähistoriker Edward Sangmeister (1916–2016) verglich die Glockenbecher-Leute mit „Zigeunern".
Sangmeister sah 1972 in den Angehörigen der Glockenbecher-Kultur eine sehr bewegliche, in Kleingruppen, vielleicht in Clans aufgespaltene Gesellschaft, die keinen Ackerbau, vielleicht aber Kleintierzucht und Jagd betrieb. Die Glockenbecher-Leute besaßen nach seiner Ansicht spezielle Kenntnisse im Suchen, Verarbeiten und im Austausch vor allem von Kupfer. Sie brauchten den Kontakt mit den Sesshaften, um aus dem Tausch Gewinn zu ziehen.
Nach den bisher bekannten Skelettresten waren die Menschen der Glockenbecher-Kultur bis zu 1,77 Meter groß, so ein Mann aus Münchingen (Kreis Ludwigsburg) in Baden-Württemberg. Ein anderer Mann aus Stuttgart-Zuffenhausen maß 1,76 Meter. Es gab aber auch kleinere Männer. So war beispielsweise ein im Ortsteil Kötzschen von Merseburg in Sachsen-Anhalt bestatteter Glockenbecher-Mann nur 1,66 Meter groß. Die Frauen hatten dort eine durchschnittliche Körpergröße von 1,60 Meter.

Obwohl die Glockenbecher-Kultur in weiten Teilen Deutschlands verbreitet war, kennt man nur wenige aussagekräftige Siedlungsreste. Offenbar hatten die Angehörigen dieser Kultur wie die Schnurkeramiker überwiegend Häuser errichtet, die im Boden kaum Spuren hinterließen. Zu diesen seltenen Nachweisen gehören Hausgrundrisse von Ochtendung (Kreis Mayen-Koblenz) in Rheinland-Pfalz sowie von Hüls (Kreis Recklinghausen), Haldern (Kreis Kleve) und Paderborn in Nordrhein-Westfalen. Sie stammten einerseits von quadratischen Wohngebäuden, bei denen das Dach durch den Mittelpfosten gestützt wurde (Ochtendung-Fressenhöfe, Paderborn), andererseits von dreischiffigen rechteckigen Häusern (Haldern, Ochtendung-Autobahn).
In Ochtendung wurden sogar zwei kleine Siedlungen nachgewiesen. Auf die erste davon stieß man im Sommer 1939 beim Bau der Autobahn Koblenz-Trier. Es handelte sich um zwei rechteckige Hausgrundrisse, die etwa sechs Meter voneinander entfernt lagen. Haus 1 hatte einen Grundriss von 6 mal 6 Metern mit wahrscheinlich eingetieftem Boden, Haus 2 einen Grundriss von 6,50 mal 4,50 Metern. Auf die zweite Ochtendunger Siedlung wurde man im Herbst 1976 bei der Anlage einer neuen Bimsgrube etwa 450 Meter südlich der Fressenhöfe aufmerksam. Bei den Untersuchungen im darauffolgenden Jahr kamen zunächst drei Hausgrundrisse von 5 mal 4,50, 4,50 mal 4 und 5,60 mal 4,50 Metern zum Vorschein. Später entdeckte man in etwa 70 Meter Entfernung einen weiteren Grundriss von etwa 6,50 mal 4,70 Metern. In den Ochtendunger Behausungen hatte wohl jeweils nur eine einzige Familie Platz. Etwas größer war der aus Hüls bekannte Hausgrundrisss mit den Maßen 10 mal 5 Meter. Der einzelne Hausgrundriss in Haldern erreichte 5 mal 3 und derjenige in Paderborn 6 mal 6 Meter.

Mit Pfeil und Bogen bewaffneter berittener Krieger der Glockenbecher-Kultur.
Zeichnung: Fritz Wendler (1941–1995) für das Buch „Deutschland in der Steinzeit“ (1991) von Ernst Probst

Manche Funde deuten darauf hin, dass die Glockenbecher-Leute auch Hauspferde besaßen. So entdeckte man in einem Männergrab von Oberstimm bei Manching (Kreis Pfaffenhofen a. d. Ilm) in Oberbayern ein Pferdeschädelfragment. In Zuchering (Kreis Ingolstadt) hatte man einem Bestatteten einen Pferdknochen mit ins Grab gelegt. Aus Vyskov in Mähren kennt man eine Bestattung, der zwei Pferdeschädel beigegeben waren. In einer Siedlung mit Häusern aus Lehmziegeln auf dem Cerro de la Virgen in der spanischen Provinz Granada enthielten die untersten Schichten keine Pferdeknochen, während solche gleichzeitig mit dem Auftreten der Glockenbecher-Kultur häufig nachweisbar sind.
Auf manchen Fundplätzen der Glockenbecher-Kultur stieß man auf Objekte, die Tauschgeschäfte und Fernverbindungen belegen. Dazu gehören Klingen und Dolchklingen aus dem Feuerstein von Grand Pressigny im französischen Département Indre-et-Loire, den auch die Schnurkeramiker schätzten. Dieser begehrte Rohstoff wurde zur Zeit der Glockenbecher-Kultur bis in die Bretagne, nach Belgien, Holland, Deutschland und in die Schweiz geliefert. Importwaren dürften auch andere seltene Steinarten sowie Bernstein, Metall und Kupfergeräte gewesen sein. Nach Ansicht mancher Prähistoriker haben die Glockenbecher-Leute die damals bekannten Vorkommen von Kupfer, Gold und Silber in Europa ausgebeutet und mit diesen Rohstoffen gehandelt.
Als Bestandteile der Kleidung oder Schmuck gelten zumeist runde, seltener ovale Knöpfe aus Rothirschgeweih oder Tierknochen. Die Löcher darin sind V-förmig angeordnet. Derartige Knöpfe wurden in einer Reihe oder in drei Reihen vom Hals bis zur Gürtelgegend auf der Körpervorderseite auf die Garderobe aufgenäht. Dabei ist ungewiss, ob sie zum Zuknöpfen oder als Zierde gedacht waren. Manchmal sind

solche Knöpfe anscheinend auch auf Halsbändern oder Kopfbedeckungen angebracht worden.
Als Schmuck dienten Halsketten mit Bernsteinperlen, halbmondförmige Zierstücke aus Knochen oder Geweih, verschiedene Tierzahnanhänger wie beispielsweise Eberhauer und sogar metallene Ohr- und Lockenringe. Kostbarkeiten wie goldene oder silberne Ohrringe sowie silberne oder aus Elektron hergestellte Lockenringe waren offensichtlich vornehmen Männern vorbehalten. Ein goldenes Diadem von 18,5 Zentimeter Länge kam in einem Grab von Großmehren (Kreis Ingolstadt) in Bayern zum Vorschein.
Funde aus der Schweiz verraten, dass die Glockenbecher-Leute sogar Kunstwerke aus Stein geschaffen haben. Als eindrucksvollster Beweis hierfür gelten Fragmente überlebensgroßer menschengestaltiger Stelen im Gräberfeld Petit-Chasseur in Sitten (Sion) im Kanton Wallis. Auf ihnen sind unter anderem Teile der Kleidung, des Schmuckes und der Bewaffnung zu erkennen.
Unter den Tongefäßen der Glockenbecher-Kultur überwiegen becherartige Formen, vor allem die bereits erwähnten Glockenbecher. Diese waren in der Regel ohne Henkel und zumeist verziert. Typisch für die Glockenbecher ist zudem der rotgebrannte Ton. Außerdem gab es verzierte und unverzierte flache Schalen mit Fußring oder mit vier und mehr Füßchen, Trichterschalen und Henkelkrüge.
Die Verzierungen wurden mit kammartigen Stempeln, feingezähnten Holzstöckchen oder Knochenstäbchen vor dem Brand im Töpferofen auf dem weichen Ton angebracht. Weit verbreitet war auch die Verzierung mit Schnurabdrücken. Die Verzierung baute sich aus parallelen waagrechten Ornamentstreifen auf, die Zickzackmotive (darunter das Fischgrätenmuster), unterbrochen von leeren Feldern oder senkrechten

Strichen, Strichgruppen, Leitermuster, Dreiecke oder Kreuze enthielten. Teilweise war die Keramik der Glockenbecher-Kultur vom Rand bis zum Boden verziert.
In der Zeit der Glockenbecher-Kultur war der Bedarf an Feuerstein für die Herstellung von Werkzeugen und Waffen noch groß. Deshalb baute man in manchen Gegenden die natürlichen Vorkommen von Feuerstein in großem Stil ab. Einer dieser Abbaue war der Isteiner Klotz bei Efringen-Kirchen (Kreis Lörrach) in Baden-Württemberg. Dort arbeitete man sich auf eine Länge von 1.200 Metern an einem Steilhang in das massive Gestein ein, um Feuersteinknollen zu gewinnen.
Als Hauptwaffe der Glockenbecher-Leute dienten Pfeil und Bogen. Darauf deuten weniger die sehr seltenen Bögen aus Eibenholz in Holland und England hin als die zahlreichen aus Feuerstein geschlagenen Pfeilspitzen sowie die sorgfältig geschliffenen Armschutzplatten. Diese länglichen, zumeist gewölbten Objekte aus Stein mit Durchbohrungen in den Ecken sind eine Eigenart der Glockenbecher-Kultur. Man betrachtet sie als Schutz vor der nach dem Pfeilschuss zurückschnellenden Bogensehne. Dass diese Annahme berechtigt ist, zeigten manche Bestattungen von männlichen Glockenbecher-Kriegern. In einem Grab von Kornwestheim (Kreis Ludwigsburg) in Baden-Württemberg lag beispielsweise eine solche Armschutzplatte tatsächlich in ihrer angenommenen Position am linken Unterarm. Als weitere Waffe standen den Glockenbecher-Leuten meisterlich zurechtgeschlagene Feuersteindolche zur Verfügung, die aus dem bereits erwähnten Grand-Pressigny-Feuerstein angefertigt wurden.
Aus Gräbern der Glockenbecher-Kultur kamen mitunter auch Werkzeuge (Pfrieme) und Waffen (Äxte, Dolche) aus Kupfer

zum Vorschein. Steinerne Werkzeuge zum Schmieden des Kupfers wurden in Gräbern von Großkayna (Kreis Merseburg), Sandersdorf (Kreis Bitterfeld), Stedten (Kreis Eilsleben), alle in Sachsen-Anhalt gelegen, gefunden. In Tschechien hat man Gussformen entdeckt, die belegen, dass die Glockenbecher-Leute hervorragende Metallurgen waren. Die Menschen der Glockenbecher-Kultur bestatteten ihre Toten zumeist unverbrannt vor allem in Erdgräbern sowie seltener in Steinkistengräbern, Gräbern unter Steinplatten und Gräbern mit Holzeinbauten. Bei Brandgräbern, die anscheinend in einem jüngeren Abschnitt häufiger auftraten, bewahrte man die Asche entweder in einer Urne auf, stülpte einen Glockenbecher darüber oder schüttete sie in die Grabgrube. Männer bestattete man vorzugsweise in nord-südlicher Richtung. Ihr Kopf wies nach Norden, die Füße lagen im Süden, der Körper ruhte auf der linken Seite mit angezogenen Beinen, und das Gesicht war nach Osten gewandt. Bei Frauen lag der Kopf meistens im Süden, die Füße befanden sich im Norden, der Körper mit ebenfalls angezogenen Beinen war auf die rechte Seite gelegt. Wie bei den Männern herrschte bei den Frauen die Blickrichtung nach Osten vor, also dorthin, wo die Sonne aufgeht.
Im Gegensatz zu anderen Kulturen der Jungsteinzeit deponierten die Glockenbecher-Leute die Beigaben für das Weiterleben im Jenseits nicht vor den Toten, sondern hinter ihrem Rücken. Viele Gräber enthielten als einzige Beigabe einen Glockenbecher, seltener eine Schale oder zwei Tongefäße. In Männergräbern fand man häufig eine Feuersteinpfeilspitze oder mehrere davon. Feuersteinklingen, Armschutzplatten, Knochen- und Geweihgeräte sowie kleine Kupferdolche. In Frauengräbern barg man meistens Schmuck aus unterschiedlichen Materialien.

Welcher Art die Religion der Glockenbecher-Leute war, weiß man bisher nicht. Da es sich bei ihnen offenbar um Einwanderer handelte, hilft auch der Vergleich mit zeitgleichen Erscheinungen nicht weiter. Manche Prähistoriker vermuten, die Glockenbecher-Leute hätten im Gegensatz zu den übrigen jungsteinzeitlichen Bauernkulturen in Mitteleuropa nicht an eine Fruchtbarkeitsgöttin, sondern an einen einzigen Himmelsgott geglaubt.

Glockenbecher in Kastel und Sonnenberg

Der bisher prächtigste Fund aus der Jungsteinzeit in Mainz-Kastel ist zweifellos ein verzierter tönerner Glockenbecher der Glockenbecher-Kultur aus einem Flachgrab am Petersberg. Dieses Tongefäß wurde am 7. März 1914 dem damaligen „Altertumsmuseum Mainz“ (heute: „Landesmuseum Mainz“) von einem „Dr. Schmiedgen“ geschenkt. Der Wiesbadener Wissenschaftsautor Ernst Probst spekulierte, dass es sich bei „Dr. Schmiedgen“ um den damaligen Direktor des „Naturhistorischen Museums Mainz“, Dr. Otto Schmidtgen (1879–1938), handeln könnte. Der ungefähr 4.000 bis 4.500 Jahre alte Glockenbecher vom Petersberg wird noch heute im „Landesmuseum Mainz“ aufbewahrt und hat die Inventarnummer „0,1184“.

Einen Glockenbecher barg man – laut „Aus Wiesbadens Vorzeit“ (1972) von Karl Wurm und Helmut Schoppa – in einem Einzelhügel in den „Sonnenberger Fichten“. Als Fundort der Glockenbecher-Kultur gilt auch der Nassauer Ring in Wiesbaden mit zwei mutmaßlichen Flachgräbern. In einem dieser Gräber entdeckte man einen schnurverzierten Becher und einen Glockenbecher. Im anderen Grab fand man

Verzierter Glockenbecher der Glockenbecher-Kultur von Mainz-Kastel (heute: Stadtkreis Wiesbaden). Foto: Landesmuseum Mainz

einen unverzierten Becher, ein kleines unverziertes Schälchen und ein Töpfchen. Am Biebricher Ost-Bahnhof barg man einen Zonenbecher. Karl Wurm erwähnte 1975 ein 15,5 Zentimeter langes, 6,4 Zentimeter breites, schwärzlich-braunes Rechteckbeil sowie ein 9 Zentimeter langes, bräunliches Fragment eines Rechteckbeils der Glockenbecher-Kultur aus Delkenheim. Beide Beilfunde werden im „Landesmuseum Mainz" aufbewahrt (Inventar-Nummern 4798, 4799).

Funde von Glockenbechern kennt man aus der Nachbarstadt Mainz und aus Rheinhessen (Esselborn, Guntersblum, Monsheim, Nierstein, Ober-Olm, Selzen, Siefersheim, Worms). Zum Beispiel wurde 1910 bei Ebersheim (seit 1969 ein Stadtteil von Mainz) ein Glockenbecher gefunden. Etwas Besonderes stellte zweifellos ein Depot von fünf feinpolierten Jadeitbeilen dar, das bereits 1850 bei Erdarbeiten unweit von Gonsenheim bei Mainz zum Vorschein kam. Bevor sich Experten mit diesen Prachtbeilen der Glockenbecher-Kultur befassten, war bereits der Lederbehälter verschwunden, in dem sich die Beile befunden hatten. Jadeit ist ein grünliches bis weißes Mineral, das in der Mainzer Gegend nicht vorkommt. Die fünf Jadeitbeile aus Gonsenheim eigneten sich nicht als Werkzeuge. Sie weisen keinerlei Gebrauchsspuren auf. Das größte dieser Beile ist 23,5 Zentimeter lang. Die Originalfunde werden im „Landesmuseum Mainz" aufbewahrt.

Register

Ortsregister

Personenregister

Autor Ernst Probst.
Foto: Klaus Benz, Fotograf, Mainz-Laubenheim

Der Autor

Ernst Probst, geboren am 20. Januar 1946 in Neunburg vorm Wald im bayerischen Regierungsbezirk Oberpfalz, ist Journalist und Wissenschaftsautor. Er arbeitete von 1968 bis 1971 bei den „Nürnberger Nachrichten", von 1971 bis 1973 in der Zentralredaktion des „Ring Nordbayerischer Tageszeitungen" in Bayreuth und von 1973 bis 2001 bei der „Allgemeinen Zeitung", Mainz. In seiner Freizeit schrieb er Artikel für die „Frankfurter Allgemeine Zeitung", „Süddeutsche Zeitung", „Die Welt", „Frankfurter Rundschau", „Neue Zürcher Zeitung", „Tages-Anzeiger", Zürich, „Salzburger Nachrichten", „Die Zeit", „Rheinischer Merkur", „Deutsches Allgemeines Sonntagsblatt", „bild der wissenschaft", „kosmos", „Deutsche Presse-Agentur" (dpa), „Associated Press" (AP) und den „Deutschen Forschungsdienst" (df). Aus seiner Feder stammen die Bücher „Deutschland in der Urzeit" (1986), „Deutschland in der Steinzeit" (1991), „Rekorde der Urzeit" (1992), „Dinosaurier in Deutschland" (1993 zusammen mit Raymund Windolf) und „Deutschland in der Bronzezeit" (1996). Von 2001 bis 2006 betätigte sich Ernst Probst als Buchverleger sowie zeitweise als internationaler Fossilienhändler und Antiquitätenhändler. Insgesamt veröffentlichte er mehr als 450 Bücher, Taschenbücher, Broschüren und über 450 E-Books.

Bücher von Ernst Probst
(Auswahl)

Meteoriten. Die wichtigsten Funde und Krater
Große Kometen. Schweifsterne in Wort und Bild
Rekorde der Urzeit. Landschaften, Pflanzen und Tiere
Wer war der Stammvater der Insekten? Interview mit dem Stuttgarter Biologen und Paläontologen Dr. Günther Bechly
Dinosaurier von A bis K. Von Abelisaurus bis zu Kritosaurus
Dinosaurier von L bis Z. Von Labocania bis zu Zupaysaurus
Raub-Dinosaurier von A bis Z. Mit Zeichnungen von Dmitry Bogdanav und Nobu Tamura
Raubdinosaurier in Bayern. Von Archaeopteryx bis zu Sciurumimus
Der rätselhafte Spinosaurus. Leben und Werk des Forschers Ernst Stromer von Reichenbach
Hermann von Meyer. Der große Naturforscher aus Frankfurt am Main
Als Mainz noch nicht am Rhein lag
Der Ur-Rhein. Rheinhessen vor zehn Millionen Jahren
Der Rhein-Elefant. Das Schreckenstier von Eppelsheim
Krallentiere am Ur-Rhein
Säbelzahntiger am Ur-Rhein. Machairodus und Paramachairodus
Säbelzahnkatzen. Von Machairodus bis zu Smilodon
Die Säbelzahnkatze Machairodus
Menschenaffen am Ur-Rhein
Johann Jakob Kaup. Der große Naturforscher

aus Darmstadt
Neues vom Ur-Rhein. Interview mit dem Geologen und Paläontologen Dr. Jens Sommer
Deutschland im Eiszeitalter
Wiesbaden vor 600.000 Jahren. Die Fossilien der Mosbach-Sande
Der Europäische Jaguar
Der Mosbacher Löwe. Die riesige Raubkatze aus Wiesbaden
Die Säbelzahnkatze Homotherium
Die Dolchzahnkatze Megantereon
Die Dolchzahnkatze Smilodon
Eiszeitliche Geparde in Deutschland
Eiszeitliche Leoparden in Deutschland
Höhlenlöwen. Raubkatzen im Eiszeitalter
Die Altsteinzeit.
Anno 1.000.000. Deutschland in der älteren Altsteinzeit
Rekorde der Urmenschen. Erfindungen, Kunst und Religion
Mainz in der Steinzeit
Wiesbaden in der Steinzeit
Die Altsteinzeit in Österreich. Jäger und Sammler vor 250.000 bis 10.000 Jahren
Die Schweiz in der Altsteinzeit
Die Lanze von Lehringen. Der Jahrhundertfund aus der Altsteinzeit
Das Moustérien – die große Zeit der Neanderthaler
Das Moustérien in Österreich
Das Aurignacien.
Das Aurignacien in Österreich
Das Gravettien
Das Gravettien in Österreich
Das Magdalénien

Das Magdalénien in Österreich
Die Hamburger Kultur
Das Steinzeit-Grab von Bonn-Oberkassel. Ein rätselhafter Fund aus der Zeit der Federmesser-Gruppen
Die Ahrensburger Kultur
Die Mittelsteinzeit
Die Mittelsteinzeit in Baden-Württemberg
Die Mittelsteinzeit in Bayern
Die Mittelsteinzeit in Hessen
Die Mittelsteinzeit in Rheinland-Pfalz
Die Mittelsteinzeit in Nordrhein-Westfalen
Die Mittelsteinzeit in Niedersachsen
Die Mittelsteinzeit in Thüringen, Sachsen-Anhalt, Sachsen und im südlichen Brandenburg
Die Mittelsteinzeit in Schleswig-Holstein, Mecklenburg und im nördlichen Brandenburg
Die ersten Bauern in Deutschland: Die Linienband-keramische Kultur (5500 bis 4900 v. Chr.)
Die Ertebölle-Ellerbek-Kultur. Eine Kultur der Jungsteinzeit vor etwa 5.000 bis 4.300 v. Chr.
Die Hinkelstein-Gruppe. Eine Kulturstufe der Jungsteinzeit vor etwa 4.900 bis 4.800 v. Chr.
Die Stichbandkeramik. Eine Kultur der Jungsteinzeit vor etwa 4.900 bis 4.500 v. Chr.
Die Oberlauterbacher Gruppe. Eine Kulturstufe der Jungsteinzeit vor etwa 4.900 bis 4.500 v. Chr.
Die Rössener Kultur. Eine Kultur der Jungsteinzeit vor etwa 4.600 bis 4.300 v. Chr.
Die Michelsberger Kultur. Eine Kultur der Jungsteinzeit vor etwa 4.300 bis 3.500 v. Chr.
Die Baalberger Kultur. Eine Kultur der Jungsteinzeit vor etwa 4.300 bis 3.700 v. Chr.

Die Salzmünder Kultur. Eine Kultur der Jungsteinzeit vor etwa 3.700 bis 3.200 v. Chr.
Die Wartberg-Kultur. Eine Kultur der Jungsteinzeit vor etwa 3.500 bis 2.800 v. Chr.
Die Walternienburg-Bernburger Kultur. Eine Kultur der Jungsteinzeit vor etwa 3.200 bis 2.800 v. Chr.
Die Kugelamphoren-Kultur. Eine Kultur der Jungsteinzeit vor etwa 3.100 bis 2.700 v. Chr.
Die Glockenbecher-Kultur. Eine Kultur der Jungsteinzeit vor etwa 2.500 bis 2.200 v. Chr.
Das Rätsel der Großsteingräber
Was ist ein Menhir? Interview mit dem Mainzer Archäologen Dr. Detert Zylmann
Die ersten Bauern in Österreich
Deutschland in der Frühbronzezeit
Deutschland in der Mittelbronzezeit
Deutschland in der Spätbronzezeit
Die Aunjetitzer Kultur in Deutschland
Die Straubinger Kultur in Deutschland
Die Singener Gruppe
Die Arbon-Kultur in Deutschland
Die Ries-Gruppe und die Neckar-Gruppe
Die Adlerberg-Kultur
Der Sögel-Wohlde-Kreis
Die nordische Bronzezeit in Deutschland
Die Hügelgräber-Kultur in Deutschland
Die ältere Bronzezeit in Nordrhein-Westfalen
Die Bronzezeit in der Lüneburger Heide
Die Stader Gruppe
Die Oldenburg-emsländische Gruppe
Die Urnenfelder-Kultur in Deutschland
Die ältere Niederrheinische Grabhügel-Kultur

Die Unstrut-Gruppe
Die Helmsdorfer Gruppe
Die Saalemündungs-Gruppe
Die Lausitzer Kultur in Deutschland
Österreich in der Frühbronzezeit
Österreich in der Mittelbronzezeit
Österreich in der Spätbronzezeit
Die Schweiz in der Frühbronzezeit
Die Rhône-Kultur in der Westschweiz
Die Arbon-Kultur in der Schweiz
Die Schweiz in der Mittelbronzezeit
Die Schweiz in der Spätbronzezeit
Superfrauen aus dem Wilden Westen
Superfrauen 1 – Geschichte
Superfrauen 2 – Religion
Superfrauen 3 – Politik
Superfrauen 4 – Wirtschaft und Verkehr
Superfrauen 5 – Wissenschaft
Superfrauen 6 – Medizin
Superfrauen 7 – Film und Theater
Superfrauen 8 – Literatur
Superfrauen 9 – Malerei und Fotografie
Superfrauen 10 – Musik und Tanz
Superfrauen 11 – Feminismus und Familie
Superfrauen 12 – Sport
Superfrauen 13 – Mode und Kosmetik
Superfrauen 14 – Medien und Astrologie
Königinnen des Tanzes
Malende Superfrauen
Hildegard von Bingen. Die deutsche Prophetin
Der Schwarze Peter. Ein Räuber im Hunsrück und Odenwald

Julchen Blasius. Die Räuberbraut des Schinderhannes
Pompadour und Dubarry. Die Mätressen von Louis XV.
Sieben berühmte Indianerinnen. Malinche – Pocahontas – Cockacoeske – Katerí Tekakwitha – Sacajawea – Mohongo – Lozen
Meine Worte sind wie die Sterne Die Entstehung der Rede des Häuptlings Seattle (zusammen mit Sonja Probst, verheiratete Werner)
Königinnen der Lüfte
Königinnen der Lüfte in Deutschland
Königinnen der Lüfte in Europa
Königinnen der Lüfte in Frankreich
Königinnen der Lüfte in England und Australien
Königinnen der Lüfte in Amerika
Königinnen der Lüfte von A bis Z
Frauen im Weltall
Christl-Marie Schultes. Die erste Fliegeirn in Bayern (zusammen mit Theo Lederer)
Sturzflüge für Deutschland. Kurzbiografie der Testpilotin Melitta Schenk Gräfin von Stauffenberg
(zusammen mit Heiko Peter Melle)
Tony und Bruno Werntgen. Zwei Leben für die Luftfahrt (zusammen mit Paul Wirtz)
Seeungeheuer: 100 Monster von A bis Z
Nessie. Das Monsterbuch
Affenmenschen. Von Bigfoot bis zum Yeti
Der Tatzelwurm. Das Rätseltier aus den Alpen
Wer ist der kleinste Dinosaurier? Interviews mit dem Wissenschaftsautor Ernst Probst

www.ingramcontent.com/pod-product-compliance
Lightning Source LLC
Chambersburg PA
CBHW060825170526
45158CB00001B/86
9781072188063